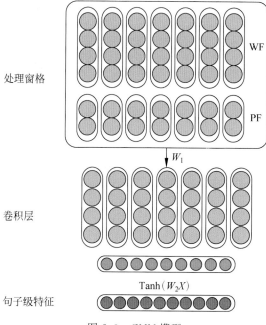

处理窗格

WF

PF

W_1

卷积层

$\text{Tanh}(W_2X)$

句子级特征

图 2.3 CNN 模型

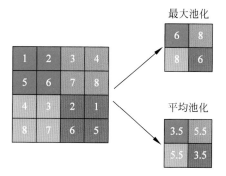

最大池化

| 6 | 8 |
| 8 | 6 |

平均池化

| 3.5 | 5.5 |
| 5.5 | 3.5 |

图 2.4 池化过程

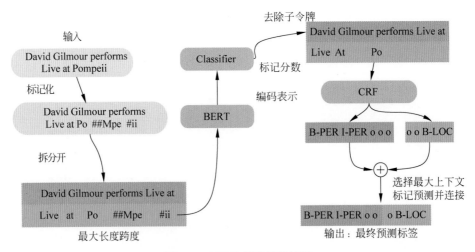

图 3.5 BERT 模型评估过程

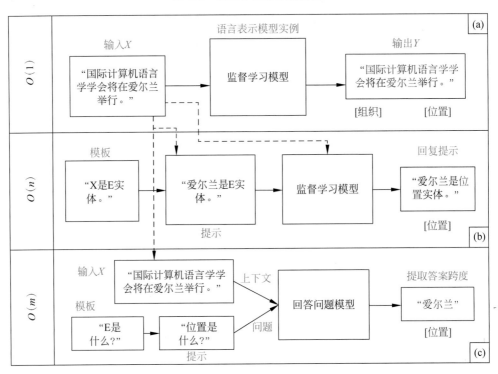

图 4.3 NER 的不同学习方式

（a）序列标记；（b）使用 LM 的基于提示的学习；（c）使用 QA 模型的基于提示的学习

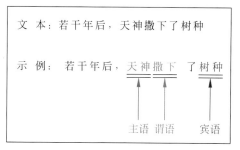

图 5.1 本次实验的抽取结构

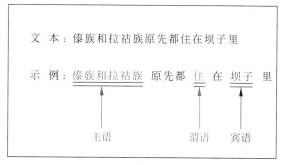

图 5.2 本次实验的抽取结构

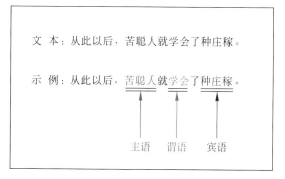

图 5.3 本次实验的抽取结构

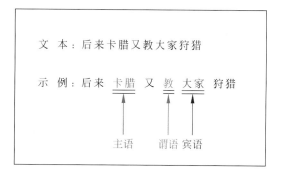

图 5.5 本次实验的抽取结构

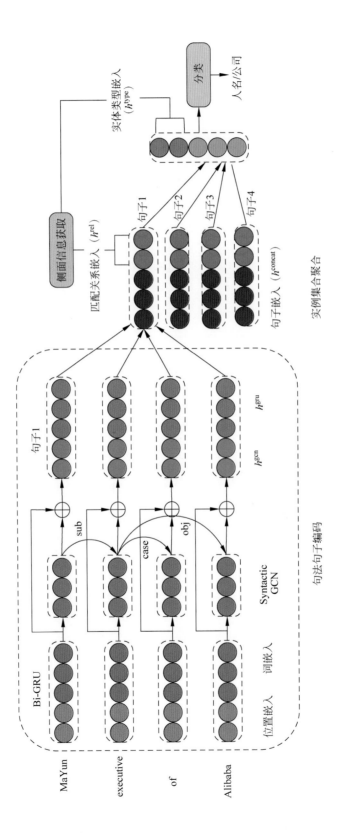

图 5.6　模型的整体结构

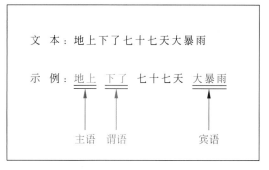

图 5.7　本次实验的抽取结构

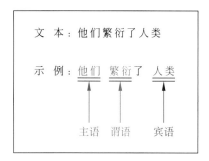

图 6.2　TrAdaBoost 模型识别案例

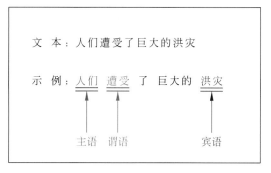

图 6.3　聚类方法识别案例

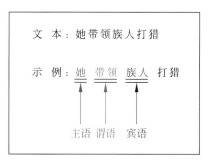

图 6.7　"中国少数民族古籍总目提要"数据集上的识别案例

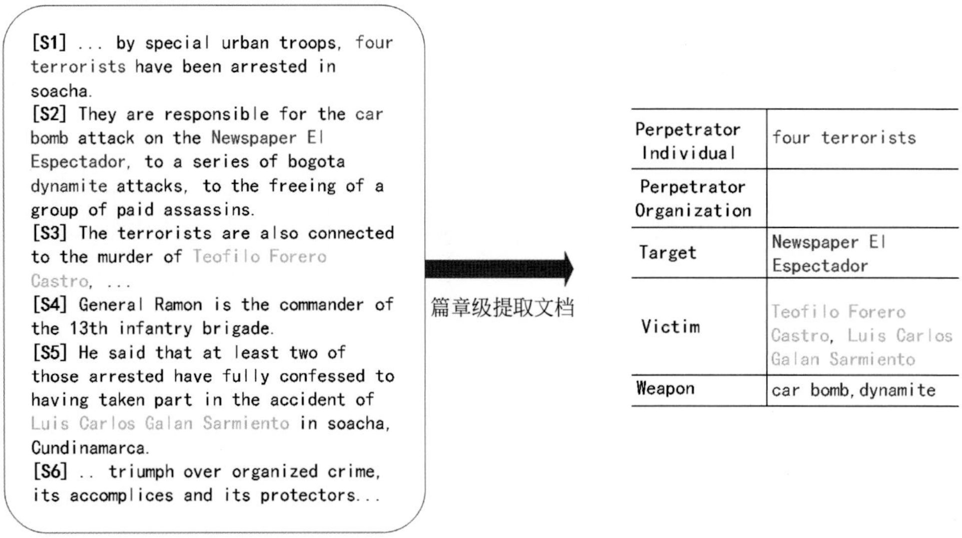

[S1] ... by special urban troops, *four terrorists* have been arrested in soacha.
[S2] They are responsible for the car bomb attack on the Newspaper El Espectador, to a series of bogota dynamite attacks, to the freeing of a group of paid assassins.
[S3] The terrorists are also connected to the murder of Teofilo Forero Castro, ...
[S4] General Ramon is the commander of the 13th infantry brigade.
[S5] He said that at least two of those arrested have fully confessed to having taken part in the accident of Luis Carlos Galan Sarmiento in soacha, Cundinamarca.
[S6] .. triumph over organized crime, its accomplices and its protectors...

篇章级提取文档

Perpetrator Individual	four terrorists
Perpetrator Organization	
Target	Newspaper El Espectador
Victim	Teofilo Forero Castro, Luis Carlos Galan Sarmiento
Weapon	car bomb, dynamite

图 8.4 篇章级提取示例

自然语言处理

文本信息抽取与知识挖掘

卢勇 潘秀琴 著

清华大学出版社

北京

内 容 简 介

本书在全面介绍文本信息抽取技术在古籍文本处理方面应用的基础上,着重介绍文本信息抽取与知识挖掘的基本概念、原理和方法,包括文本预处理、特征提取、命名实体识别、信息抽取、语义分析、知识表示等关键技术。

全书共 3 部分:第 1 部分(第 1、2 章)着重介绍古籍文本信息抽取的相关背景知识;第 2 部分(第 3~8 章)着重讨论命名实体识别、关系抽取和事件抽取的具体方法,同时介绍对应的实验应用及结果分析;第 3 部分(第 9 章)基于对当前实体抽取领域研究现状的分析与总结,展望未来。同时,全书也提供了大量应用实例。

本书适合作为高等院校计算机、软件工程及相关专业本科生、研究生的参考书,也可供对自然语言处理比较熟悉并且对信息抽取有所了解的开发人员、广大科技工作者和研究人员学习使用。

图书在版编目(CIP)数据

自然语言处理:文本信息抽取与知识挖掘 / 卢勇,
潘秀琴著. -- 北京 : 清华大学出版社,2024.9.
ISBN 978-7-302-67378-1

Ⅰ. TP391

中国国家版本馆 CIP 数据核字第 2024CE6787 号

责任编辑:安　妮　李　燕
封面设计:刘　键
责任校对:韩天竹
责任印制:宋　林

出版发行:清华大学出版社
　　网　　　址:https://www.tup.com.cn,https://www.wqxuetang.com
　　地　　　址:北京清华大学学研大厦 A 座　　　邮　　编:100084
　　社 总 机:010-83470000　　　　　　　　　邮　　购:010-62786544
　　投稿与读者服务:010-62776969,c-service@tup.tsinghua.edu.cn
　　质量反馈:010-62772015,zhiliang@tup.tsinghua.edu.cn
　　课件下载:https://www.tup.com.cn,010-83470236
印 装 者:三河市铭诚印务有限公司
经　　销:全国新华书店
开　　本:185mm×260mm　　印　张:10.25　　插页:3　　字　　数:223 千字
版　　次:2024 年 9 月第 1 版　　　　　　　　印　　次:2024 年 9 月第 1 次印刷
定　　价:49.00 元

产品编号:104676-01

前言

古籍文本信息抽取与挖掘的重要性在于保护和传承人类的文化遗产，以及促进学术研究和历史探索。古籍文本是记录了古代知识、思想、文化和历史的宝贵资源。通过对古籍文本进行信息抽取，可以从大量的文字资料中提取出有用的信息，为人们的研究和了解相关题材提供重要的线索和指引。

本书全面介绍文本信息抽取与知识挖掘的基本概念、原理和方法，包括文本预处理、特征提取、命名实体识别（NER）、信息抽取、语义分析、知识表示等关键技术。读者可了解每种实施方法及其执行流程。

本书中提供一系列实用的方法和工具，指导读者在实际应用中进行文本信息抽取和知识挖掘。这些方法和工具包括基于规则的抽取、统计方法、机器学习和深度学习技术等。读者可以通过实例和案例学习如何选择适当的方法和工具，并将其应用于自己的项目实践中。

本书以文本信息抽取的基础知识为基点，通过理论与实践相结合，重点介绍实体抽取与关系抽取（RE）的技术方法，及其在"中国少数民族古籍总目提要"数据集上的实际应用；针对 NER，介绍基于 Transformer 模型的方法和基于提示学习的方法；针对 RE，介绍基于远程监督的方法和基于迁移学习的方法；针对事件抽取（EE），介绍联合模型的 EE 和篇章级的 EE。

全书共 9 章。第 1 章为绪论，介绍古籍文本信息抽取的研究背景与意义，以及信息抽取的相关定义和基本方法。第 2 章详细介绍信息抽取的概念和基础理论，并浅析古籍文本信息抽取的应用领域。第 3、4 章介绍 NER 的核心方法，分别是基于 Transformer 模型的方法和基于提示学习的方法。第 5、6 章介绍实体 RE 的核心方法，分别是基于远程监督的方法和基于迁移学习的方法。第 7、8 章介绍 EE 的核心方法，分别是联合模型的 EE 和篇章级的 EE 方法。在第 3～8 章中，每一个方法都提供了相应的实验及对实验结果的分析。第 9 章为总结与展望，主要内容是对当前在实体 RE 领域相关技术的总结及对于此领域内技术未来发展方向的展望。

本书可以作为计算机、软件工程及相关专业学生"实体抽取""文本信息抽取""信息挖掘"等课程的参考书，同时也可作为计算机从业人员实体 RE、EE、文本信息挖掘相关知识的入门学习资料。读者最好在学习过"人工智能""机器学习""深度学习"等相关课程后再学习本书及自然语言处理的相应课程。

　　本书在编写过程中得到中央民族大学信息工程学院的研究生穆日亘、毛宁静、丁福森、李蕊、王文涵、张小苗、仪超、金明哲的大力支持，在此表示衷心的感谢。同时，还需感谢本书后参考文献的作者，感谢他们的资料对本书的指导。感谢清华大学出版社编辑们对本书的出版给予的宝贵建议。

　　在本书的撰写和相关技术的研究中，由于编者受知识水平所限及时间仓促，书中错误与疏漏之处在所难免，敬请广大读者批评指正。

卢　勇

2024 年 8 月

目录

第1章

绪　　论

1.1　研究背景与意义

1.1.1　古籍文本信息抽取的重要性

古籍文本记载了人类发展历史进程中的重要的思想、知识和事件,是宝贵的历史文化资源。古籍文本信息抽取是古籍史料数字化的一项重要任务,是古籍史料传承与保护、"活化"古籍化石的重要的现代信息技术手段之一。古籍文本信息抽取研究可以为广大古籍研究者、古籍爱好者提供网络环境下的古籍信息资源,不仅能促进古籍专业化研究学术交流发展,也为促进古籍文献所承载的历史文化走入寻常百姓家,提升文化自信,提供技术手段。

(1) 古籍文本信息抽取是保护和传承文化遗产的重要的信息技术手段之一。古籍文献史料是人类文化的重要载体,承载着丰富的政治、军事、经济、环境等方面信息。然而,许多古籍史料因时间的流逝、媒介的脆弱、研究手段的相对匮乏,以及古籍文字的复杂性而受到损坏或遗失。文本信息抽取技术,将非结构化古籍文本转换为结构化古籍信息,对古籍文本内容进行信息抽取、分析,从文本中自动抽取出有用信息,对古籍文献资源保护和传承具有重要意义。

(2) 古籍文本信息抽取对于学术研究具有重要意义。古籍文本是学术研究的重要资源之一,其中包含了大量的知识和思想。然而,古籍的文字和结构往往非常古老和繁复,给研究者带来了挑战。通过文本信息抽取技术,研究者可以自动化地提取古籍文本中的关键信息,包括概念、观点、逻辑关系等,有助于研究者更为便捷地获取学术研究的可靠资料提供技术手段。有助于促进挖掘古籍中的历史和文化信息,更为有效地揭示各个历史时期的文化发展和演变规律,推动学术研究的发展,积极开展历史学探究具有重要的学术价值和深远的历史意义。

(3) 古籍文本信息抽取对于历史研究具有重要价值。古籍是了解历史的重要途径,其中记载了丰富的历史事件、人物和社会变迁。然而,古籍中的文字和语言形式常常与现代有所不同,需要专门的研究和解读。通过文本信息抽取技术,可以提取古籍中的时间、地点、人物、事件等关键信息,有助于还原历史的真实面貌。这对于历史学家和研究人员来说是非常有价值的,可以帮助他们解开历史之谜,厘清历史的脉络和变迁。

(4) 古籍文本信息抽取有助于文字研究和解读。古籍文本中的文字和语言形式往往与现代有所不同,需要专门的研究和解读。通过文本信息抽取技术可以提取和分析古籍文本中的词汇、语法结构、句法等信息,促进对古代文字的理解和研究。这对于语言学家和相关研究人员来说是非常重要的,有助于揭示古代文字的发展和变化,推动文字信息化研究的发展。

1.1.2　古籍文本信息抽取的应用领域

古籍文本信息抽取是从古籍文本中抽取指定类型的实体、关系、事件等知识信息,实现从文本到知识的转换,并形成结构化数据输出的文本处理技术。它在以下 5 个领域具有广泛的应用价值。

(1) 交叉学科研究领域。古籍文本信息抽取研究涉及文献学、考古学、语言学、历史学、信息学等多个学科交叉的研究领域,以信息计算为技术手段的现代古籍文本信息抽取的研究是以现代信息技术的算法模型为主要技术及方法,研究古籍文献数字化及其应用技术。古籍文本所涉及的文字、词法、句法结构等语言学知识,以及历史文化知识、考古学知识属于人文领域专业化知识,将古籍文献研究信息技术方法与人文领域的文化知识结合,形成数字古籍甚至数字人文新的研究领域,通过文本信息抽取技术,研究者可以自动化地提取古籍文本中的关键信息,包括概念、观点、逻辑关系等,为学术研究者提供可靠的资料和参考。这有助于深入了解古代文化和思想,推动学术研究的发展。

(2) 古籍文化资源传承保护。古籍文本信息抽取技术可以用于古籍文化资源传承保护与利用领域。以现代信息技术为古籍文献研究提供的基于人工智能技术的释读、翻译、识别、分析等技术手段,打破了古籍文献资源研究开发和利用的客观限制和局限性,加快了古籍资源建设和利用,有效促进了古籍走入寻常百姓家的宣传与普及。通过文本信息抽取技术,可以从这些古籍中提取有价值的内容,并促进古籍资源的数字化存储、智能化分析、大众化应用,有助于推动文化的传承和普及。

(3) 历史学研究。古籍是了解历史发展及演变规律的重要文献资料,通过古籍文本信息抽取技术,历史学者能够更有效地进行文献整理和史料分析。这项技术可以帮助研究人员从大量的古籍文献中提取出有关历史事件、人物、地点等方面的关键信息,从而加深对历史事件的理解和认识。古籍文本信息抽取还可以用于重建历史事件的过程和背景,揭示历史时期的社会、文化和政治特征,为历史学研究提供了重要的数据支持和分析工具。

（4）语言学。古籍文本信息抽取技术可以用于研究古代文字和语言。通过提取和分析古籍文本中的词汇、语法结构、句法等信息，可以揭示古代文字的发展和变化，对于语言学研究和古代语言学的发展具有重要的作用。文本信息抽取技术可以帮助研究人员理解古代文字系统的结构和特点，揭示不同时期和地区的语言变异，为语言学研究提供有力的支持。

（5）教育和普及。古籍文本信息抽取技术可以用于教育和普及工作。通过将古籍文本中的知识和观点提取出来，并以易于理解和传播的方式呈现给公众，有助于公众了解和学习古籍文献的精化，树立文化自信，弘扬民族文化，全面提升国民素质。

1.1.3　古籍文本信息抽取的目的

古籍文本信息抽取的目的是有效地从古籍文献中提取出有用的信息，以帮助研究人员进行历史学研究、文化研究以及其他相关领域的探索与分析。实用方法和工具将有助于读者在实际应用中进行文本信息抽取和知识挖掘实践，可以通过实例学习到如何选择适当的方法和工具，并将其应用于自己的项目实践中。具体来说，古籍文本信息抽取的目的包括以下3方面。

（1）文献整理和资料归档。古籍文献作为历史研究的重要来源，数量庞大且分散，因而信息抽取技术的运用显得尤为重要。通过信息抽取能够将古籍文献进行分类整理，并建立数字化数据库，使得研究者能够迅速地检索相关资料。这不仅有助于提高文献利用效率，还能够系统性地管理文献资源，为历史研究提供了更加有力的支持和便利。

（2）历史事件的重建和分析。通过古籍文本信息抽取，研究者可以从古籍文献中提取关键信息，包括时间、地点、人物活动等。这些信息有助于深入分析历史事件的脉络、影响以及背后的复杂关联，从而更好地还原历史场景，揭示历史发展的内在规律。通过对历史事件的重建和分析，可以丰富历史研究的深度与广度，为我们更全面地了解历史提供重要的线索和视角，有助于我们从历史中汲取经验，指导未来的发展。

（3）文化遗产的保护和传承。古籍作为文化遗产的重要组成部分，蕴含着丰富的文化精髓和智慧。信息抽取技术为古籍文献的挖掘和利用提供了有力工具，有助于揭示其中的历史、哲学、艺术等方面的价值。通过将传统文化数字化并进行网络化传播，可以促进文化的传承与创新，使古籍的知识得以更广泛地传播和应用。这不仅有助于加深人们对传统文化的认知与理解，也为传统文化的活化与传承注入了新的活力，使其在当今社会中焕发出新的生机与魅力。

1.2 信息抽取与知识挖掘的基本概念

信息抽取是从自然语言文本中抽取指定类型的实体、关系、事件等事实信息,并形成结构化数据输出的文本处理技术。它包括三类子任务: NER(Named Entity Recognition,命名实体识别)、RE(Relation Extraction,关系抽取)和 EE(Event Extraction,事件抽取)。NER、RE 和 EE 是 NLP(Natural Language Processing,自然语言处理)领域的三个重要任务。这些任务主要关注从非结构化文本中自动提取有价值的信息,从而帮助人们更好地理解、组织和利用这些数据。

1.2.1 NER

NER 是 NLP 中的一项重要任务,旨在从文本中自动识别和分类具有特定意义的实体。这些实体包括人名、地名、组织机构名、时间、日期、货币金额等。通过 NER 技术,可以帮助计算机理解文本中不同实体的含义和关系,为信息抽取、问题回答、机器翻译等应用提供基础支持。NER 技术在文本挖掘、信息检索、智能客服等领域都有广泛应用。其研究价值主要包括:

(1)自动识别实体。快速定位文本中的关键信息,减轻人工筛选信息的负担。

(2)信息检索与推荐。利用实体信息为用户提供更精准的搜索结果或推荐内容。

(3)数据挖掘。通过分析实体之间的关系,挖掘潜在知识和趋势。

(4)语义网。为实体建立链接,构建知识图谱,促进语义网的发展。

1.2.2 RE

RE 是一种 NLP 任务,旨在从文本中识别和提取实体之间的关系或关联。在文本中,实体之间可能存在各种关系,例如"人物 A 是人物 B 的父亲""公司 A 收购了公司 B""药物 A 治疗疾病 B"等。RE 的目标是自动识别出这些实体之间的关系,并将其进行结构化表示。

RE 通常包括以下步骤:

(1)NER。识别出文本中的实体,如人名、地名、组织机构名等。

(2)关系分类。根据上下文和实体间的语义信息,将实体对划分到预定义的关系类别中,如"父子关系""合作关系""治疗关系"等。

(3)RE 模型训练。使用带有标注的数据集来训练 RE 模型,可以采用监督学习算法,如支持向量机(Support Vector Machine,SVM)、条件随机场(Conditional Random Field,CRF)或深度学习模型,如卷积神经网络(Convolutional Neural

Network,CNN)、循环神经网络(Recurrent Neural Network,RNN)等。

(4) RE 模型评估。使用标注好的测试集评估 RE 模型的性能,常用指标包括精确率、召回率、F1 评分等。

RE 在信息抽取、问答系统、知识图谱构建等领域有广泛应用。通过自动提取实体之间的关系,可以从大量文本中获取结构化的知识,并支持更高级的语义推理和文本理解任务。其研究价值主要包括:

(1) 构建知识图谱。利用抽取的实体关系构建知识库或知识图谱,帮助人们理解事物间的联系。

(2) 智能问答。根据用户问题查询相关实体间的关系,提供准确、有用的回答。

(3) 业务决策支持。分析重要实体之间的关系,辅助企业做出更明智的决策。

1.2.3　EE

EE 是一种 NLP 任务,旨在从文本中识别和提取出描述事件发生的信息。在文本中,事件通常包含多个要素,如事件的触发词、参与者、时间、地点、原因等。EE 的目标是自动识别并提取这些事件要素,将其进行结构化表示。

EE 是一个复杂的 NLP 任务,涉及词法分析、句法分析、实体识别、RE 等多个子任务。EE 通常包括以下内容:

(1) 事件触发词识别(Trigger Word Recognition)。识别文本中的关键词或短语,即事件的触发词,它们通常描述了事件的核心动作或状态变化。

(2) 参数抽取(Argument Extraction)。识别触发词周围的语义角色,如事件的参与者、时间、地点等。参数可以是实体(如人名、地名)或其他与事件相关的信息。

(3) 事件类型分类(Event Type Classification)。对识别到的事件进行分类,将其归类到预定义的事件类型中,如"交通事故""会议举办""商品购买"等。

(4) EE 模型训练。使用带有标注的数据集来训练 EE 模型,可以采用监督学习算法,如 SVM、CRF 或深度学习模型,如 CNN、RNN 等。

(5) EE 模型评估。使用标注好的测试集评估 EE 模型的性能,常用指标包括精确率、召回率、F1 评分等。

EE 在文本理解、信息抽取、知识图谱构建等领域有广泛应用。通过自动识别和提取出描述事件的关键信息,有助于从大量文本中获取结构化的事件数据,支持事件检索、关联分析和事件驱动的应用场景。其研究价值主要包括:

(1) 舆情分析。监控网络舆情,及时发现并应对突发事件和潜在风险。

(2) 新闻摘要。自动生成新闻事件的摘要,帮助读者快速了解关键信息。

(3) 历史事件研究。整理和分析历史事件,挖掘其中的规律和启示。

总之,NER、RE 和 EE 在信息抽取和 NLP 领域具有重要的研究意义,它们通过从海量非结构化文本中自动提取有价值的信息,为研究者理解、组织和利用数据提供了强大支持。

1.3　NER 技术

NER 技术是 NLP 中的一个重要研究领域,其目的是从文本数据中自动提取出具有特定类型的实体,并进行标注。实体可以是人、地点、组织机构、日期、事件等,这些实体在文本信息中承载着重要的语义信息。实体识别技术可以帮助研究人员更好地理解文本的含义和结构,对于搜索引擎、机器翻译、智能问答等应用具有重要意义。

NER 技术主要基于三种方法:规则、统计模型和深度学习。规则方法是运用一种基于人工设计的规则集合来对文本进行分析和标注的方法,其精确率较高,但需要大量的人工制定规则。统计模型方法是使用机器学习算法来训练模型,以便自动从文本中抽取实体,该方法准确率较高,但需要大量的标注数据和特征选择。深度学习方法是一种利用神经网络模型进行实体识别的方法,它可以自适应地学习特征,对于大规模数据集的处理效果显著,但需要大量的数据和计算资源。

NER 技术在各个领域都有着广泛的应用,如智能客服、金融、医疗等。随着人工智能技术的快速发展,NER 技术也将继续不断优化和发展,为更多领域的 NLP 提供更好的支持。

1.3.1　基于规则方法的 NER 技术

基于规则的实体识别是 NER 的常用方法之一,常用的识别规则主要有:

(1) 字典匹配规则。该方法是基于实体名词词典进行识别的,将文本中出现的语言与词典中的词汇进行比对。如果完全匹配,则可以确定该文本片段为实体。

(2) 词性标注规则。该方法主要使用 NLP 技术对文本进行分词和词性标注,通过一些固定的词性模式来确定实体。例如,人名通常以"姓"开头,称呼通常以"先生"或"女士"结尾等。

(3) 规则模板匹配规则。这种方法先建立一些规则模板,然后将文本匹配到相应的模板中。例如,日期通常以"年月日"格式显示,可以设置一个日期模板,并将文本与此模板进行匹配。

(4) 句法分析规则。该方法通过句法分析技术来判断文本中的实体。例如,在英语中,复合名词通常由名词+名词的形式构成,因此可以根据句法分析结果来确定可能的复合名词。

需要注意的是,基于规则的方法虽然在某些情况下有一定的效果,但是在应对复杂语言环境和大规模数据时,存在一定的局限性。因此,近年来,统计模型和深度学习等方法在实体识别领域得到了广泛应用。这些方法可以自动地从文本中学习实体的特征和上下文关系,从而能够更加准确地进行实体识别。

1.3.2 基于统计模型的 NER 技术

实体识别技术的统计模型主要包括以下几种。

(1) 最大熵模型(Maximum Entropy Model,MEM)。MEM 是一种广泛应用于统计 NLP 中的模型,通过最大化条件熵来选择最合适的模型。在实体识别领域,可以使用 MEM 来对实体进行分类。

(2) CRF。CRF 是一种概率无向图模型,利用已有的上下文特征和标注信息对每个位置进行分类。CRF 常用于序列标注问题,如 NER。

(3) SVM。SVM 是一种二分类模型,通过找到一个超平面来将数据分为两个类别。在实体识别领域,可以使用 SVM 对实体进行分类。

(4) 朴素贝叶斯(Naive Bayes)。朴素贝叶斯是一种基于贝叶斯理论的分类算法,它假设所有特征之间相互独立。在实体识别任务中,可以使用朴素贝叶斯算法来估计实体的概率。

上述统计模型一般具备较好的性能,但需要构造合适的特征表示,并需要足够的训练数据进行训练。近年来,随着深度学习技术的不断发展,基于深度学习的神经网络模型也逐渐成为实体识别任务中的主流方法。这些模型不需要手动构造特征,可以利用端到端的方式从原始文本中自动学习实体的特征表示,从而在实体识别任务中获得更高水平的性能。

1.3.3 基于深度学习方法的 NER 技术

基于深度学习方法的实体识别技术主要使用神经网络模型来进行训练和预测,常用的模型包括:

(1) RNN。RNN 是一种将同一神经元在不同时刻的输出作为输入的神经网络。在实体识别中,可以使用 RNN 来对上下文信息进行建模,并预测当前位置是否为实体。

(2) 长短时记忆网络(Long Short-Term Memory,LSTM)。LSTM 是一种常用的 RNN 变体,它能够有效地解决传统 RNN 中存在的梯度消失和梯度爆炸问题。在实体识别任务中,可以使用 LSTM 来捕获不同长度的上下文信息,从而实现更准确的实体识别。

(3) CNN。CNN 是一种常用的神经网络模型,在计算机视觉领域中广泛应用。在实体识别领域,可以使用 CNN 模型来提取文本特征,并对实体进行分类。

（4）注意力机制（Attention Mechanism）。注意力机制是一种用于翻译、图像描述等任务的神经网络模型，它可以根据输入的序列和上下文信息，动态地分配不同位置的注意力权重。通过引入注意力机制，可以使模型更关注文本中与实体相关的部分，从而提高实体识别的准确率。

上述基于深度学习方法的主要模型，在实际应用中，尚需针对不同的任务和数据集进行模型选择和参数调整。同时，在训练深度学习模型时，也需要充足的训练数据和合适的正则化方法来避免过拟合等问题。

第2章

古籍文本信息抽取概述与基础理论

2.1 古籍文本信息抽取的挑战与难点

2.1.1 信息抽取

信息抽取指从非结构化或者半结构化的自然语言文本中抽取出指定类型的实体、关系、事件等事实信息，并形成结构化数据输出的文本处理技术。信息抽取的技术可以帮助将海量内容自动分类、提取和重构，并进一步为高层面的应用和任务提供支撑。信息抽取是从结构化或半结构化文本中提取出特定信息的任务，主要涉及识别关键实体、关系和事件。抽取出来的关系、被识别的实体及事件等信息可以被计算机直接处理，实现对海量非结构化信息的结构化处理。

经过多年的研究，信息抽取技术研究已经取得了可喜的成绩，信息抽取领域研究有了不少的进展，但仍然存在一些难点和挑战，主要包括以下几方面。

（1）多样性和复杂性。文本中包含各种类型的实体、关系和事件，而且它们的表达方式和结构可能多种多样。如自然语言中的同一种意思可以有多种表达方式，或者同一自然语言表达在不同的上下文中却又有不同的表示意思等。因此要求信息抽取系统需要具备足够的灵活性和泛化能力，以适应不同类型和领域的信息抽取任务。

（2）噪声和错误。文本数据中难免会存在拼写错误、语法错误和歧义性等噪声和错误。文本中存在拼写错误可能是因为用户的输入错误、自动化处理错误或光学字符识别（Optical Character Recognition，OCR）错误。文本中可能存在语法错误，包括错误的句法结构、主谓不一致、错误的动词形式等。语法错误可能导致错误的实体和关系抽取，因为模型难以理解不符合语法规则的文本。在某些情况下会出现语言的歧义性，相同的实体或关系在不同的上下文中可能具有不同的含义。这些噪声和错误可能导致信息抽取系统的性能下降，需要进行有效的预处理和错误处理来提高准确性。

（3）上下文依赖性。信息抽取任务通常需要考虑实体和关系在上下文中的语义关联。上下文依赖性指的是单词、短语或句子的含义与其周围上下文的关系密切相关。上下文可能是动态变化的,特别是在对话和实时文本处理中。在处理长文本时,信息可能分布在不同的句子或不同的文档中。例如,在处理问答任务时,答案可能跨越多个句子或文档,需要利用上下文信息来确定正确的答案。理解上下文的动态变化,及时更新和调整对上下文的理解是一个复杂的问题。加上语言的歧义性,准确理解上下文依赖性并进行跨句子或跨文档的关联是一个挑战,尤其是在长文本中。

(4)缺乏标注数据。对于很多 NLP 任务来说,训练一个高性能的模型通常需要大规模地标注数据。例如,对于机器翻译任务,需要成千上万个平行语料库进行训练。然而,获取和标注大规模的数据集是非常昂贵和耗时的过程。所以针对特定领域或任务的标注数据可能非常有限。而且某些领域特定的 NLP 任务可能面临特定领域数据的稀缺性问题。例如,对古籍文本进行实体识别和 RE,由于古籍文本的特殊性,很难获得大规模的古文标注数据。而且人工标注数据都需要专业的标注人员通过耗费大量的时间和资源才可以完成。在人工标注的过程中难免会受到标注人员的主观性的影响,不同的标注人员可能对相同的样本有不同的解释和标注结果,导致标注数据的不一致性。对于监督学习方法而言,缺乏足够的标注数据可能限制模型的性能。因此,需要考虑半监督学习、迁移学习和弱监督学习等方法以克服数据稀缺性。

(5)领域适应性。信息抽取任务在不同领域和应用场景中的特点和要求各不相同。不同领域的文本数据可能包含领域特定的术语和实体,例如在医疗领域中的疾病和药物名称,在法律领域中的法律条款和法律术语等。这些领域特定的术语和实体可能无法在通用 NLP 模型中得到准确识别和理解,因为这些模型通常是基于大规模通用语料库进行训练的。而且不同领域的文本数据可能具有不同的语法结构和规则。例如,科技领域的文本可能包含大量技术术语和缩写,而新闻报道的文本可能具有特定的写作风格和结构。通用 NLP 模型可能无法准确地处理这些领域特定的语法和规则,导致性能下降。然而建立通用的信息抽取系统往往是困难的,因为需要根据具体领域的特点进行定制化和领域适应。因此,信息抽取系统的迁移能力和可扩展性是一个挑战。

(6)细粒度信息抽取。细粒度信息抽取是 NLP 中一个具有挑战性的任务,旨在从文本中提取出更加细致和具体的信息,涉及观点、情感、时间、数量等更为具体和特定的实体和关系。这些实体通常具有特定的命名规则、上下文约束和语义含义,需要设计有效的模型和算法来区分和提取这些实体。另外,细粒度信息抽取任务中的关系往往涉及多样的、复杂的语义关联。例如,情感分析任务中需要识别情感目标和情感极性之间的关系,时间抽取任务中需要确定事件发生的时间点和时间范围等。细粒度信息抽取任务通常需要进行语义推理和上下文建模,以更好地理解实体之间的关系。同一条知识往往在不同地方被不同人使用不同的方式进行表达。因此在一些细粒度信息抽取任务中,需要同时考虑文本、图像、语音等多模态数据源。将不同模态的信息融合起来进行细粒度信息抽取是具有挑战性的,需要设计跨模态表示和融合技术,以有效地提取和理解多模态数据中的细粒度信息。这些任务涉及更加复杂的语义理解和推理,需要更加高级的技术和模型来处理。

基于现有的信息抽取技术的发展,虽已取得了不少成就,但仍有很长的路要走。

2.1.2　古籍文本中的信息抽取

近年来,随着深度学习技术的不断发展,NLP这一技术在近些年也取得了飞速的发展。然而古籍文本信息抽取相对于现代白话文来说对应语料比较少,这无疑增加了信息抽取的难度。在古籍文本中进行信息抽取时,主要面临以下几个挑战。

(1)古籍文本格式繁杂。由于古籍文本的多样性和时代的变迁,它们缺乏统一的标准化和规范化。古籍文本通常使用古代语言和字体,如古汉语、古文、篆书等。这些语言和字体与现代标准语言有很大的差异,包括词汇用法、语法结构、文法规则等。因此,需要处理古籍文本的特殊语言和字体问题,例如词义消歧、字符识别和转录等。

(2)古籍文本语义多变。古籍文本中常常存在歧义和多义性,其中的词语、短语和句子可能有多种解释。

(3)历史性。古籍文本通常是在特定的历史、文化和社会背景下产生的,理解其中的信息需要考虑当时的背景知识和语境。缺乏相关的上下文信息可能导致误解和错误的信息抽取。

(4)古籍中的字形和字义有所变化。古籍文本经过长时间的演变和传承,字形和字义可能发生了变化。同一个字在不同的时期和地区可能有不同的写法和含义,甚至出现了已经停止使用的文字。解决这个问题需要深入了解古籍文献描述语言历史背景和演变过程,以便正确理解和解释文本中的字形和字义。

(5)损坏和缺失的古籍文本。由于古籍文献的年代久远,记录方式多样,如有刻录在竹叶上的,有碑刻,有写在绢帛上的,有印刷在纸张上的,甚至有手抄本等形式,这使它们容易受到损坏和部分丢失的影响。文本可能有缺页、残篇、破损、涂抹等问题,损坏的文本可能导致信息缺失或不完整,从而增加信息抽取的困难。处理这些问题需要结合领域知识和文献学方法进行文本的恢复和补全。

(6)需要专业领域知识作为辅助。古籍文献通常涉及特定的历史、文化、哲学等领域知识。对于理解和抽取古籍文本中的信息,需要具备相关领域的专业知识。如果缺乏相关联的外部知识,则难以疏通文义,甚至会造成理解及整理的错误。因此,领域知识的缺乏,对于理解和处理古籍文献的内容可能会存在一定的困难,甚至出现结果的偏差。

2.2　古籍文本信息抽取的任务

古籍文本信息抽取的主要任务是从大量的古籍文本中自动识别和提取出特定的信息,能够为历史研究、文化遗产保护、语言学研究等领域提供有价值的信息和参考。具体细分如下。

(1) 实体识别。即从古籍文本中识别出具有特定意义的实体,如人物、地点、时间、书籍、事件等。实体识别是古籍文本信息抽取的基础,也是其他任务的前置技术。

(2) RE。即从古籍文本中自动识别实体之间的语义关系,如人物之间的关系、地点与事件之间的关系、书籍与人物之间的关系等。RE 是对古籍文本中的隐含信息进行挖掘的重要手段,有助于理解古籍文本的含义和背景。

(3) EE。即从古籍文本中自动识别出事件,并提取出事件的相关信息,如事件发生的时间、地点、参与者等。EE 是对古籍文本中的动态信息进行挖掘的重要手段,有助于理解古籍文本中的历史事件和社会背景。

2.3　古籍文本信息抽取相关技术

2.3.1　词汇语义表示

自然语言的基本单位是词汇,研究语义表示形式的目的在于建立合适的语言表示模型。当前的主要思路是通过向量空间模型将词语映射成语义空间中的向量,即将词语表示成计算机能够操作的向量形式。依据构建向量空间模型采用的基本假设不同,可以将词汇语义表示方法分为基于分布的表示方法和基于预测的表示方法。

1. 基于分布的表示方法

基于分布的表示方法是指,若词的上下文内容相似,则词汇本身的含义也相似。即通过词的上下文共同出现的次数来刻画词汇语义,也被称作基于计数的表示方法。由于词的上下文内容表现了词汇的使用方法,因此不同词的使用方法也是不同的,故基于分布的表示方法间接反映了词的语义。这一表示方法可分为以下三步。

(1) 选取恰当的空间分布矩阵用于刻画词汇语义。

(2) 根据相应的权重计算方法对矩阵进行赋值。

(3) 给矩阵进行降维操作。

最后得到的矩阵就是词汇语义表示矩阵,其中矩阵的每一行是词的表示向量。

最基本的语义空间矩阵是词-上下文共现矩阵 $F \in \mathbf{R}^{W \times C}$,其中 W 指语料库中词库的大小，C 指词上下文的特征大小；F_ω 表示矩阵的行，它指词 ω 的向量表示，F_c 表示矩阵的列，它表示上下文词语。明确了矩阵的行与列的属性之后，就需要对矩阵 F 的各行各列元素 f_{ij} 进行赋值操作。矩阵赋值大致有三种方法，其中最简单的方法是直接为矩阵赋二元数值，即判断词 ω_i 上下文窗口中是否出现词 c_j，若出现则为 1，否则为 0。第二种方法是计算词 ω_i 上下文窗口中出现词 c_j 的频数，并将其作为 f_{ij} 的值。第三种是当前最常用的方法，即点互信息（Point Mutual Information，PMI），其基本思路是统计词与其上下文词在文本中同时出现的频率，其概率越大，则相关性就越紧密，即 PMI 值越大。

基于分布的表示方法是以大量文本数据为基础，通过其上下文分布的共现频率描述词汇的语义。这一方法在计算词汇相似度方面取得了较好的效果，但是在表示对类比推理等深层次的语义关系的发现方面，结果不太理想。

2. 基于预测的表示方法

基于预测的表示方法来源于神经网络语言模型（Neural Network Language Model，NNLM）。语言模型的任务是，在给定上文的情景之下，预测下一个词出现的频率。本方法是基于人工神经网络中的神经元分布假设，通过低维实值向量来表示词汇，其中每一个维度看作词的一个特征，这一表示方法也称作词嵌入。当前基于预测的词汇语义表示方法，根据其神经网络模型不同，可以分为基于前向神经网络的方法、基于递归神经网络的方法和基于浅层神经网络的方法。基于前向神经网络的方法使用的是源自 NNLM 的神经网络训练词表示向量。语言模型的目的是训练语料库中词出现的联合概率分布，以达到预测下一个出现的词的目的。

在传统的 NNLM 中，训练的目的是提高词的联合概率分布。但是，由于利用反向传播算法可以更新词汇表示向量，因此，研究者基于前向 NNLM，先随机初始化训练语料库的词向量表示，构造词典表示矩阵 $C \in \mathbf{R}^{W \times d}$，其中 W 为词典中词的个数，d 为词向量的维度。模型定义滑动窗口表示为 n_{win}，构建模型的输入向量表示为 $s = C_{w_{t-n+1}}, C_{w_{t-n+2}}, \cdots, C_{w_{t-1}}$。针对语料库中词表示向量的无监督训练方法，假设在语料库中应用滑动窗口产生的短句 s 为正例样本，同时将滑动窗口中的某个词随机替换为词典中的任一词所产生的错误短句为负样本。神经网络模型选取递归神经网络，由于递归神经网络具有一定的时序性和记忆性，因此，可以利用递归神经网络训练词语的语义表示向量是符合语言的形式。与前向神经网络不同，递归神经网络将语料库中的每个词按顺序逐个输入模型中。但也有与前向神经网络类似的部分，即利用递归神经网络训练语言模型通过随时间演化的反向传播算法更新模型的参数和输入词向量，得到词汇语义表示向量。

由于基于神经网络的方法大多由多层神经网络计算词表示向量，其计算量很大，导致训练时间往往需要数日甚至数周。因此近年来的研究重点在于研究能够较好表达词汇语义的浅层神经网络模型,如 Word2Vec 模型。

Word2Vec 模型是由 Mikolov 等提出的。由于其训练得到的词向量有很好的语义特性,从而得到了广泛关注。该模型包括连续词袋模型(Continue Bag Of Words, CBOW)和 Skip-Gram 模型两种词向量的训练方法。在 Word2Vec 模型中,存在上下文词表示矩阵 $M_{W_c} \in \mathbf{R}^{w \times d}$ 和目标词表示矩阵 $M_{w_i} \in \mathbf{R}^{w \times d}$。

CBOW 模型的目标是给定窗口为 n 的上下文 ω_c,预测中间的词 ω_i。CBOW 模型仅包括输入层、投影层和输出层,其中输入层为上下文的词向量 $\boldsymbol{v}_{w_{c1}}, \boldsymbol{v}_{w_{c2}}, \cdots$, $\boldsymbol{v}_{w_{cn}}$,投影层为对所有的上下文词向量求平均,即 $h = \dfrac{1}{n} \sum\limits_{i=1}^{n} \boldsymbol{v}_{w_{ci}}$,输出层利用 softmax 函数计算给定上下文预测目标词的概率为

$$P(w_i \mid w_c) = \frac{\exp(\boldsymbol{v}_{w_i} \cdot h)}{\sum\limits_{i' \in V} \exp(\boldsymbol{v}_{w_{i'}} \cdot h)} \tag{2.1}$$

Skip-Gram 模型的目标则是给定目标词 w_i 预测上下文的词 w_c。Skip-Gram 模型也可分为三层,其中输入层为目标词的词表示向量 $\boldsymbol{v}_{w_i}$,投影层为复制输入层的词表示向量 $\boldsymbol{v}_{w_i}$,输出层则是给定目标词上下文词的概率,如下所示:

$$P(w_c \mid w_i) = \frac{\exp(\boldsymbol{v}_c \cdot \boldsymbol{v}_{w_i})}{\sum\limits_{c' \in C} \exp(\boldsymbol{v}_{c'} \cdot \boldsymbol{v}_{w_i})} \tag{2.2}$$

Log Bilinear 语言模型是一种简单的 NNLM,该模型利用线性变换预测上下文中的下一个词,极大降低了计算复杂度。该模型将上下文中出现的词 w 表示为词向量 $\boldsymbol{v}_w$,将需要预测的目标词 w 表示为词向量 $\boldsymbol{q}_w$。

在给定上下文窗口 n 的情况下,词向量 $\boldsymbol{q}_w$ 表示为

$$\boldsymbol{q}_w = \sum_{i=1}^{n} \boldsymbol{C}_i \boldsymbol{v}_{w_i} \tag{2.3}$$

模型通过上下文位置权重矩阵 $\boldsymbol{C}_i$ 和上下文词向量的线性组合预测目标词。预测词 $\hat{\boldsymbol{q}}$ 和实际出现的词 $\boldsymbol{q}_w$ 匹配得分由式(2.4)计算,该模型称作向量 Log 双线性模型(vector LBL,vL-BL):

$$\boldsymbol{S}_\theta(w, h) = \hat{\boldsymbol{q}}^\top \boldsymbol{q}_w + b_w \tag{2.4}$$

其中,$\boldsymbol{S}$ 表示预测词 $\hat{\boldsymbol{q}}$ 和实际出现的词 $\boldsymbol{q}_w$ 的匹配得分;$\boldsymbol{b}$ 为公式中设定的参数偏置向量。

通过浅层神经网络训练词汇表示向量不仅大幅提升了模型的训练速度,同时在语义表示能力上也有明显的改进。

3. 词汇语义表示质量的测评

由于自然语言本身就具有模糊性与主观性,即对于词汇意义的解释会因所处的立场与背景不同而存在差异。从而无法简单地进行语义词汇表示好与不好的评价。与此同时,目前尚无标准数据集或评级标准用于判定或判断词汇语义表示的质量。所以,常用的做法是从不同的角度间接评判词汇表示向量语言表达能力。常用的判断词语表示质量的指标有:词汇相似度计算、词的类比推理等。

(1) 词汇相似度计算。

词汇语义表示质量可以通过计算词与词之间的相似程度予以判断,好的词汇表示方法能够反映词的相似程度。目前,余弦相似度是判断两个词语表示向量相似程度的基本方法,余弦夹角反映两个词的距离远近。在计算训练得到的词表示向量相似度之后,通过与人工标注的词语相似度数据集进行比较,计算斯皮尔曼相关系数(Spearman's Rank Correlation),检验词汇相似度计算的准确性。

(2) 词的类比推理。

词表示向量的类比推理能力是评价词表示向量的另一个重要指标。在给出的测试数据集中,每一个测试数据由(a,b)与(c,d)两组词对组成,表示为$a:b{\rightarrow}c:d$的形式,解释为"a类比于b正如c类比于d"。为了验证词向量的类比能力,在给出a、b、c的情况下,使用通过式的方法从训练的词库中准确找出词d^*的正确率作为判断词表示向量在类比问题上质量的标准。文献进一步丰富原有测试数据,公开了WordRep测试数据集,该数据集包含一千多万条语义类比词对和五千多万条句法对比词对,利用该数据集可以测试词表示向量在类比推理问题上的泛化能力,计算公式为

$$d^* = \arg \max_{x \in V, x \neq b, x \neq c} (\boldsymbol{v}(b) - \boldsymbol{v}(a) + \boldsymbol{v}(c))^{\mathrm{T}} \boldsymbol{v}(x) \tag{2.5}$$

2.3.2 CRF 模型

CRF 模型最早是由 Lafferty 等于 2001 年提出的,其模型思想来源于 MEM。CRF 可以被看成一个无向图模型或马尔可夫随机场,它是一种用来标记和切分序列化数据的统计模型。该模型是通过给定需要标记的观察序列,计算整个标记序列的联合概率。标记序列(Label Sequence,LS)的分布条件属性可以让 CRF 很好地拟合现实数据,而在这些数据中,标记序列的条件概率依赖于观察序列中非独立的、相互作用的特征,并通过赋予特征以不同权值来表示特征的重要程度。

1. CRF 的定义

设随机变量 X 表示需要标记的观察序列集,随机变量 Y 表示相应的表示标记序列集。所有的 $Y_i \in Y$ 被假设在一个大小为 N 的有限字符集内。随机变量 X 和 Y 是

联合分布,但在判别式模型中构造一个关于观察序列和标记序列的条件概率模型 $p(Y|X)$ 和一个隐含的边缘概率模型 $p(X)$。下面给出 CRF 的定义:设 $G=(V,E)$ 表示一个无向图,$Y=(Y_v)_{v\in V}$,Y 中元素与无向图 G 中的顶点一一对应。当在条件 X 下,随机变量 Y_v 的条件概率分布服从图的马尔可夫属性,计算公式为

$$p(Y_v|X,Y_w,w\neq v)=p(Y_v|X,Y_w,w\sim v) \tag{2.6}$$

其中,$w\sim v$ 表示 (w,v) 无向图 G 的边,(X,Y) 称为一个 CRF。

2. 势函数

尽管在给定每个节点的条件下,分配给该节点一个条件概率是可能的,但 CRF 的无向性很难保证每个节点在给定它的邻接点条件下得到的条件概率和以图中其他节点为条件得到的条件概率一致。因此导致不能用条件概率参数化表示联合概率,而要从一组条件独立的原则中找出一系列局部函数的乘积来表示联合概率。选择局部函数时,必须保证能够通过分解联合概率使没有边的两个节点不出现在同一局部函数中。最简单的局部函数是定义在图结构中的最大团上的势函数,并且是严格正实值的函数形式。但是一组正实数函数的乘积并不能满足概率公理,因此必须引入一个归一化因子 Z,这样可以确保势函数的乘积满足概率公理,且是 G 中节点所表示的随机变量的联合概率分布,计算公式为

$$Z=\sum_{v_i}\prod_{c\in C}\phi_{v_c}(v_c) \tag{2.7}$$

其中,C 为最大团集合。利用 Hammersley-Clifford 定理,可以得到联合概率公式如下:

$$p(v_1,v_2,\cdots,v_N)=\frac{1}{Z}\prod_{c\in C}\phi_{v_c}(v_c) \tag{2.8}$$

基于条件独立的概念,CRF 的无向图结构可以用来把关于 Y 的联合分布分解为多个正值和实值势函数的乘积,每个势函数操作在一个由 G 中顶点组成的随机变量子集上。根据无向图模型条件独立的定义,如果两个顶点间没有边,则意味着这些顶点对应的随机变量在给定图中其他顶点条件下是条件独立的。所以在因式化条件独立的随机变量联合概率时,必须确保这些随机变量不在同一个势函数中。满足这个要求的最容易的方法是要求每个势函数操作在一个图 G 的最大团上,这些最大团由随机变量的相应顶点组成。这确保了没有边的顶点在不同的势函数中,在同一个最大团中的顶点都是有边相连的。在无向图中,任何一个全连通(任意两个顶点间都有边相连)的子图称为一个团,而称不能被其他团所包含的才为最大团。理论上讲,图 G 的结构为任意,然而,在构造模型时,CRF 采用了最简单和最重要的一阶链式结构。CRF(X,Y) 以观察序列 X 作为全局条件,并且不对 X 进行任何假设。这种简单结构可以被用来在标记序列上定义一个联合概率分布 $p(y|x)$,主要关心的是两个序列:

$X = (X_1, X_2, \cdots, X_T)$ 和 $Y = (Y_1, Y_2, \cdots, Y_T)$。

3. CRF 概率模型的形式

Lafferty 对 CRF 势函数的选择很大程度上受 MEM 的影响。定义每个势函数的公式为

$$\phi_{y_c}(y_c) = \exp\left(\sum_k \lambda_k f_k(c, y \mid c, x)\right) \tag{2.9}$$

其中，$y \mid c$ 表示第 c 个团中的节点对应的随机变量，f_k 是一个布尔型的特征函数，则 $p(y \mid x)$ 的计算公式为

$$p(y \mid x) = \frac{1}{Z(x)} \exp\left(\sum_{c \in C} \sum_k \lambda_k f_k(c, y_c, x)\right) \tag{2.10}$$

其中，$Z(x)$ 是归一化因子，计算公式为

$$Z(x) = \sum_y \exp\left(\sum_{c \in C} \sum_k \lambda_k f_k(c, y_c, x)\right) \tag{2.11}$$

在一阶链式结构的图 $G = (V, E)$ 中，最大团仅包含相邻的两个节点，即是图 G 中的边。对于一个最大团中的无向边 $e = (v_{i-1}, v_i)$，势函数一般表达形式可扩展为

$$\phi_{y_c}(y_c) = \exp\left(\sum_k \lambda_k t_k(y_{i-1}, y_i, x, i) + \sum_k \mu_k s_k(y_i, x, i)\right) \tag{2.12}$$

其中，$t_k(y_{i-1}, y_i, x, i)$ 是整个观察序列和相应标记序列在 $i-1$ 和 i 时刻的特征，是一个转移函数。而 $s_k(y_i, x, i)$ 是在 i 时刻整个观察序列和标记的特征，是一个状态函数。联合概率的表达形式为

$$p(y \mid x) = \frac{1}{Z(x)} \exp\left(\sum_i \sum_k \lambda_k t_k(y_{i-1}, y_i, x, i) + \sum_i \sum_k \mu_k s_k(y_i, x, i)\right)$$

$$\tag{2.13}$$

其中，参数 λ_k 和 μ_k 可以从训练数据中估计，大的非负参数值意味着优先选择相应的特征事件，大的负值所对应的特征事件不太可能发生。

为了统一转移函数和状态函数的表达形式，可以把状态函数写为

$$S_k(y_i, x, i) = S_k(y_{i-1}, y_i, x, i) \tag{2.14}$$

也可以用 $f_k(y_{i-1}, y_i, x, i)$ 统一表示，f_k 可能是状态函数 $s_k(y_{i-1}, y_i, x, i)$ 或转移函数 $t_k(y_{i-1}, y_i, x, i)$，又令：

$$F_k(y, x) = \sum_{i=1}^T f_k(y_{i-1}, y_i, x, i) \tag{2.15}$$

如式(2.15)所示，在给定观察序列 x 的条件下，相应的标记序列为 y 的概率可以写为

$$p(y \mid x) = \frac{1}{Z(x)} \exp\left(\sum_k \lambda_k F_k(y, x)\right) \tag{2.16}$$

其中，$Z(x)$ 是归一化因子。

4. CRF 模型的参数估计

以上的 CRF 理论介绍给出了 CRF 的概率形式公式,主要是基于最大熵理论,下面将介绍的是 CRF 模型的参数估计,由 MEM 可知参数估计的实质是对概率的对数最大似然函数求最值,即运用最优化理论循环迭代,直到函数收敛或达到给定的迭代次数。假设给定训练集 $D = \{(X_1,Y_1),(X_2,Y_2),(X_\Gamma,Y_\Gamma)\}$,根据 MEM 对参数 λ 估计采用最大似然估计法。条件概率 $p(y|x,\lambda)$ 的对数似然函数为

$$L(\lambda) = \log \prod_{x,y} p(y \mid x,\lambda)^{\tilde{p}(x,y)} = \sum_{x,y} \tilde{p}(x,y) \log p(y \mid x,\lambda) \qquad (2.17)$$

已知条件概率 $p(y|x,\lambda)$ 的形式化公式为

$$p(y \mid x,\lambda) = \frac{1}{Z(x)} \exp\left(\sum_k \lambda_k F_k(y,x)\right) \qquad (2.18)$$

其中归一化因子 $Z(x)$ 的表达式为

$$Z(x) = \sum_y \exp\left(\sum_k \lambda_k F_k(y,x)\right) \qquad (2.19)$$

对于该 CRF 概率模型来说,对数最大似然参数估计的任务是从相互独立的训练数据中估计参数 $\lambda = (\lambda_1,\lambda_2,\cdots,\lambda_n)$ 的值,则对数似然函数可写为

$$L(\lambda) = \sum_{x,y} \tilde{p}(x,y) \sum_k \lambda_k F_k(y,x) - \sum_x \tilde{p}(x) \log Z(x) \qquad (2.20)$$

假设链式结构的无向图分别有一个特殊的起始节点和终止节点,分别用 Y_0 和 Y_{n+1} 表示。则经验分布概率和由模型得到的概率的数学期望分别为

$$E_{\tilde{p}}[f_k] \stackrel{\text{def}}{=} \sum_{x,y} \tilde{p}(x,y) \sum_{i=1}^{n+1} f_k(y_{i-1},y_i,x,i) = \sum_{x,y} \tilde{p}(x,y) F_k(x,y) = E_{\tilde{p}}[F_k]$$
$$(2.21)$$

$$E_p[f_k] \stackrel{\text{def}}{=} \sum_{x,y} \tilde{p}(x) p(y \mid x,\lambda) \sum_{i=1}^{n+1} f_k(y_{i-1},y_i,x,i)$$
$$= \sum_{x,y} \tilde{p}(x) p(y \mid x,\lambda) F_k(x,y) = E_p[F_k] \qquad (2.22)$$

根据对数似然函数对相应的参数 λ_k 求一阶偏导数,得

$$\frac{\partial L(\lambda)}{\partial \lambda_k} = \sum_{x,y} \tilde{p}(x,y) F_k(y,x) - \sum_x \left[\tilde{p}(x) \frac{\sum_y \left[\exp\left(\sum_k F_k(x,y)\right) \cdot F_k(x,y) \right]}{Z(x)} \right]$$

$$= E_{\tilde{p}}[F_k] - \sum_{x,y} \tilde{p}(x) \frac{\exp\left(\sum_k F_k(x,y)\right) \cdot F_k(x,y)}{Z(x)}$$

$$= E_{\tilde{p}}[F_k] - \sum_{x,y} \tilde{p}(x) p(y \mid x,\lambda) F_k(x,y)$$

$$= E_{\tilde{p}}[F_k] - E_p[F_k] \qquad (2.23)$$

其中,通过梯度为零来求解参数 λ 并不一定总是得到一个近似解,因而需要利用一些迭代技术来选择参数,使对数似然函数最大化。通常采用的方法是改进的迭代缩放(Improved Iterative Scaling,IIS)或者基于梯度的方法来计算参数。在以上的介绍中给出了对数似然函数 $L(\lambda)$ 梯度的计算表达形式,即经验分布 $\tilde{p}(x,y)$ 的数学期望与由模型得到的条件概率 $p(y|x,\lambda)$ 的数学期望的差。而经验分布的数学期望为训练数据集中随机变量 (x,y) 满足特征约束的个数,模型的条件概率的数学期望的计算实质上是计算条件概率 $p(y|x,\lambda)$,下面将介绍条件概率的有效计算方法。

5. 条件概率的矩阵计算

建立 CRF 模型的主要任务是从训练数据中估计特征的权重 λ。下面主要对 CRF 用到的最大似然估计方法进行介绍。

由上可知,CRF 对数似然函数的梯度公式为

$$\frac{\partial L(\lambda)}{\partial \lambda_k} = E_{\tilde{p}(x,y)}[F_k] - E_{p(y|x,\lambda)}[F_k] \tag{2.24}$$

如果直接使用对数最大似然估计,可能会发生过度学习问题,通常引入罚函数的方法解决这一问题。如使用惩罚项 $\dfrac{\sum\limits_k \lambda_k^2}{2\sigma^2}$,则对数似然函数和对数似然梯度公式分别为

$$L(\lambda) = \sum_{x,y} \tilde{p}(x,y) \sum_k \lambda_k F_k(y,x) - \sum_x \tilde{p}(x) \log Z(x) - \frac{\sum\limits_k \lambda_k^2}{2\sigma^2} \tag{2.25}$$

$$\frac{\partial L(\lambda)}{\partial \lambda_k} = E_{\tilde{p}(x,y)}[F_k] - E_{p(y|x,\lambda)}[F_k] - \frac{\lambda_k}{\sigma^2} \tag{2.26}$$

其中,参数估计问题可以用最优化方法解决,可以使用迭代方法或 L-BFGS 算法。对于一个链式 CRF,在图的模型中添加一个开始状态 Y_0 和一个结束状态 Y_{n+1}。$\mathcal{Y}$ 为按字母排序的标记列表,$y_{i-1} = y'$ 和 $y_i = y$ 是取自该列表中的标记。定义一组矩阵 $\{M_i(x)|i=1,2,\cdots,n+1\}$,其中每个 $M_i(x)$ 是 $\mathcal{Y} \times \mathcal{Y}$ 阶的随机变量矩阵。$M_i(x)$ 中的每个元素 $M_i(y_{i-1},y_i|x)$ 定义为

$$M_i(y_{i-1}=y',y_i=y \mid x) = \exp\Big(\sum_k \lambda_k f_k(y_{i-1},y_i,x,i)\Big)$$

$$= \exp\Big(\sum_k \lambda_k t_k(y_{i-1},y_i,x,i) + \sum_k \mu_k s_k(y_i,x,i)\Big) \tag{2.27}$$

式(2.27)中,y_{i-1} 为 y_i 的前一个标记,$M_i(y_{i-1},y_i|x)$ 是前一个状态到当前状态的转移概率与当前状态以观察序列为条件的概率的乘积。

无论是使用迭代缩放还是 L-BFGS 算法进行参数估计与训练,为了计算最大似然

参数值,就需要对训练数据中的每个观察值 X 对应的标记序列的条件概率相对特征函数的数学期望进行有效的计算。枚举计算是不可行的,Lafferty 提出以动态规划方法来计算 $E_{p(y|x,\lambda)}[f_k]$ 的公式为

$$E_p[f_k] \stackrel{\text{def}}{=} \sum_{x,y} \tilde{p}(x) p(y \mid x, \lambda) \sum_{i=1}^{n+1} f_k(y_{i-1}, y_i, x, i) \tag{2.28}$$

式(2.28)的右边可以改写为

$$\sum_x \tilde{p}(x) \sum_{i=1}^{n+1} \sum_{y',y} p(y_{i-1}=y', y_i=y \mid x, \lambda) f_k(y_{i-1}=y', y_i=y, x, i) \tag{2.29}$$

其中,可使用动态规划方法计算 $p(y_{i-1}, y_i \mid x, \lambda)$,该方法与隐马尔可夫模型中介绍的 forward-backward 算法类似,分别定义 forward 向量和 backward 向量为 $\boldsymbol{\alpha}_i(x)$ 和 $\boldsymbol{\beta}_i(x)$,递归关系表示分别为

$$\boldsymbol{\alpha}_i(x)^{\mathrm{T}} = \boldsymbol{\alpha}_{i-1}(x)^{\mathrm{T}} \boldsymbol{M}_i(x) \tag{2.30}$$

$$\boldsymbol{\beta}_i(x) = \boldsymbol{M}_{i+1}(x) \boldsymbol{\beta}_{i+1}(x) \tag{2.31}$$

在给定观察序列 x 的条件下,$y_{i-1}=y'$ 和 $y_i=y$ 的条件概率的数学期望计算公式为

$$p(y_{i-1}=y', y_i=y \mid x) = \frac{\boldsymbol{\alpha}_{i-1}(y' \mid x) M_i(y', y \mid x) \boldsymbol{\beta}_i(y \mid x)}{Z(x)} \tag{2.32}$$

2.3.3　CNN 信息抽取模型

常用的神经网络,如 CNN 和 RNN,在 RE 任务中都表现出了很不错的效果。在之前的 RE 领域多用于基于机器学习的方法,而这些方法都依赖于手动提取的特征,这便是最大的局限性和易错性,所以为了避免手动提取的弊端,提出了基于 CNN 的提取特征的方法。

CNN 首先通过卷积层提取输入词向量的局部特征,接着使用池化层对卷积层提取到的特征进行池化操作,然后通过全连接层进行特征整合,并且将池化层的输出连接到 Softmax 层(全连接层),最后由 Softmax 层实现文本分类,CNN 模型结构如图 2.1 所示。

1. 词嵌入

人类的自然语言是一种符号形式的,需要将这类抽象词语转换为数值的形式,或者可以说将其嵌入到某一个数学空间内。将文本分散嵌入到一个离散的空间就叫作词嵌入(Word Embedding),又称为分布式表示或词向量。在 NLP 中常用 one-hot 向量表示方法,其思想与特征工程里的处理类别变量的 one-hot 编码一样,本质上是用只含一个 1、其余都是 0 的向量唯一表示。one-hot 表示法的优点是简单,易于实现向量化,但缺点是不太适合大型语料库,并且不包含语义信息,无法体现关系。

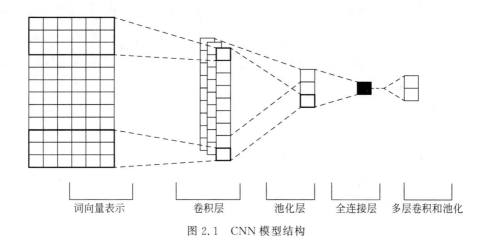

词向量表示　　卷积层　　池化层　　全连接层　多层卷积和池化

图 2.1　CNN 模型结构

Word2Vec 是 Google 研究团队里的 Tomas Mikolov 等于 2013 年在 *Distributed Representations of Words and Phrases and Their Compositionality* 及后续的 *Efficient Estimation of Word Representations in Vector Space* 两篇文章中提出的一种高效训练词向量的模型，基本出发点是上下文相似的两个词，它们的词向量也应该相似，如香蕉和梨在句子中可能经常出现在相同的上下文中，因此这两个词的表示向量应该就比较相似。

Word2Vec 是用于训练分布式词嵌入表示的神经网络模型。Word2Vec 包括 CBOW 和 Skip-Gram，其中 CBOW 通过上下文对嵌入的当前词进行训练，如图 2.2 所示，而 Skip-Gram 则相反，是通过当前词对上下文进行训练。两个模型都包含三层：输入层、隐藏层、输出层。

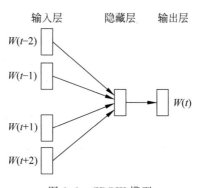

图 2.2　CBOW 模型

2. 卷积层

在 CNN 信息抽取模型中，中间层首先需要进行词嵌入的实现，将根据预先训练好的词向量字典，将每个词语转换为固定的维度向量，然后进行特征抽取。CNN 模型的特征抽取分为两个层面：词语和句子。词语级特征抽取主要分为三部分：该词语本身、该词语左右的词、该词语的上位词。其中上位词指概念上外延更广的主题词。可以理解为出现频率高的超集，或者是所属类别。例如，"鲜花"的上位词是"花"，"花"的上位词是"植物"。这三部分的特征与上一层的词向量进行拼接后即构成了词语级特征 Y。在句子级特征抽取时，需要用模型表征语义特征以及长距离的特征，所以为 CNN 模型设计卷积层（Convolution 层）。设定了两个输入：词语特征（Word Feature，WF）和位置特征（Position Feature，PF）。

词语特征是由一定大小的窗口拼接起来的特征。设输入序列经过词嵌入层后的序列为$(X_1, X_2, \cdots, X_n)$，窗口大小为 3，WF 为 $\{[X_s, X_1, X_2], [X_1, X_2, X_3], \cdots, [X_{n-1}, X_n, X_e]\}$，CNN 模型如图 2.3 所示。

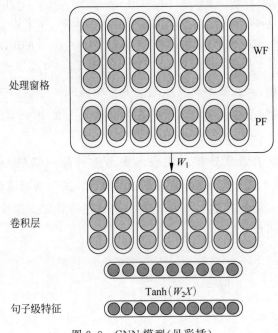

图 2.3　CNN 模型（见彩插）

位置特征是记录当前词与各实体的相对距离，$\boldsymbol{X} = [\text{WF}, \text{PF}]$ 即构成句子级特征抽取的输入。然后经过激活函数 ReLU 减少数据的过拟合。

3. 池化层

池化层将进一步地提取卷积层获得单次特征，输出固定大小的特征矩阵，降低输出的维度并且保留原始特征。最常用的池化操作是最大池化（Max Pooling）和平均池化（Average Pooling），最大池化就是将选择区域中的最大值作为该区域池化后的值，方向传播时，梯度通过前向传播过程的最大方向传播，其他位置梯度为 0。平均池化就是将选择区域的所有值进行平均后，将该值作为该区域平均池化后的值。池化过程如图 2.4 所示。

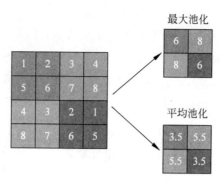

图 2.4 池化过程(见彩插)

4. 全连接层和输出层

全连接层将池化操作后的特征向量进行非线性组合得出结果。并由 softmax 激活函数将分类结果转换为 0~1 的概率值,得到属于每个类别的概率。

2.3.4 RNN 信息抽取

1. 朴素神经网络

CNN 的隐藏层数量较多,没有考虑到单个隐藏层在时间上和序列上的变化,在识别文字的应用中,没有办法结合上下文语义,下面对朴素神经网络方法进行分析探讨。

首先了解简单神经网络,输入层 X 进入隐藏层 S,在经过输出后产生最后的结果 Y,通过调整权重 W_{in} 和 W_{out} 就可以达到学习的效果。

RNN 是一种以序列数据作为输入来进行建模的学习模型,RNN 关注每个隐藏层的每个神经元在时间维度上的不断成长与变化。在神经元模型中,隐藏层输出公式的矩阵表达为

$$S = f(UX + b) \tag{2.33}$$

对于 RNN,其矩阵表达式为

$$S_t = f(UX_t + WS_{t-1} + b) \tag{2.34}$$

其中,b 是偏置项,多了一项 WS_{t-1},这样建立起隐藏层在不同的输入中的迭代关系。换而言之,就是让神经网络具有了某种记忆的能力。

但是根据研究表明,当词的长度超过 500 时,RNN 的识别效果就会变得很差。同时由于 RNN 在所有隐藏层共享同一组 W 权值矩阵,梯度在反向传播的过程中,数值不是越来越小就是越来越大,也就会导致梯度消失或者梯度爆炸。

2. LSTM

长短期记忆网络(LSTM)是一种事件 RNN,由 Hochreiter 和 Schmidhuber 于 1997 年提出。和 RNN 相比,LSTM 在 RNN 的基础上添加了一条新的时间链,记录长期记忆(Long-Term Memory),这也就是在隐藏层中增加一个记忆单元,能够在给定的时间、步骤内获得更好的控制效果,具备长期记忆的能力。如图 2.5 所示,LSTM 包含三个门控单元,分别为遗忘门(Forget Gate)、输入门(Input Gate)和输出门(Output Gate),由这三个门结构统一决定单元状态。

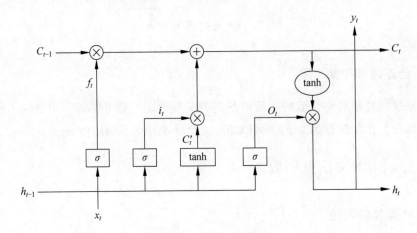

图 2.5　LSTM 结构图

遗忘门 f_t 用来决定前一个时刻内部状态对当前时刻内部状态的更新,由上一级隐藏层状态 h_{t-1} 和当前时刻的输入 x_t 参与运算,计算公式为

$$f_t = \sigma(\boldsymbol{W}_f \cdot [h_{t-1}, x_t] + b_f) \tag{2.35}$$

其中,$\boldsymbol{W}_f$ 为权值矩阵,b_f 为偏置参数,σ 为激活函数。Sigmoid 函数常被选择为激活函数,其函数的输出值将处于[0,1],等效于一组权重,表达式为

$$S(x) = \frac{1}{1 + \mathrm{e}^{-x}} \tag{2.36}$$

输出值越接近于 0,则表示该信息被遗忘的概率越大;输出值越接近于 1,则表示该信息越容易被保留。

输入门 i_t,其作用是控制当前时间步的输入信息是否应该被记忆单元(Memory Cell)所接受,决定当前时刻的输入 x_t 和前一个时刻的系统状态对内部状态的更新,C'_t 表示将过去与现在状态合并的操作,其计算公式分别为式(2.37)和式(2.38)。

$$i_t = \sigma(\boldsymbol{W}_i \cdot [h_{t-1}, x_t] + b_i) \tag{2.37}$$

$$C'_t = \tanh(\boldsymbol{W}_c \cdot [h_{t-1}, x_t] + b_c) \tag{2.38}$$

其中,$\boldsymbol{W}_i$、$\boldsymbol{W}_c$ 为权值矩阵;b_i、b_c 为偏置参数。tanh 为双曲正切两数,输出值在[-1,1]

区间,函数梯度在接近 0 处的收敛速度比 Sigmoid 函数要快。

c_t 为内部记忆单元,其计算公式为

$$c_t = f_t \cdot C_{t-1} + i_t \cdot C'_t \tag{2.39}$$

输出门 o_t 决定内部状态对系统状态的更新,由 h_{t-1}、x_t 参与运算,计算所得输出 h_t 将作为下一级隐藏层的输入,$\boldsymbol{W}_o$ 为权值矩阵,b_o 为偏置项,计算公式为

$$o_t = \sigma(\boldsymbol{W}_o \cdot [h_{t-1}, x_t] + b_o) \tag{2.40}$$

$$h_t = o_t \cdot \tanh(c_t) \tag{2.41}$$

另外,LSTM 的每个门控结构中拥有各自的(U、W、b),这与共享参数的普通 RNN 结构有很大的不同。常用的 RNN 变体还有门控循环单元(Gated Recurrent Unit,GRU)网络。其结构与 LSTM 类似,只是缺少了输出门,并将记忆单元状态和隐藏层状态合并,使网络结构具有更少的训练参数,应用范围也很广泛。

3. 门控 RNN

门控循环单元与普通的 RNN 之间的关键区别在于:前者支持隐状态的门控。这意味着模型有专门的机制来确定应该何时更新隐状态,以及应该何时重置隐状态。这些机制是可学习的,并且能够解决普通 RNN 的问题。例如,如果第一个词元非常重要,模型将学会在第一次观测之后不更新隐状态。同样,模型也可以学会跳过不相关的临时观测。最后,模型还将学会在需要时重置隐状态。

下面将详细讨论重置门和更新门。

重置门是门控 RNN(GRU)中的一种门控机制。重置门的作用是决定网络是否忽略之前的状态信息,从而控制信息的流动。具体来说,在 GRU 中,每个时间步都有一个重置门,用一个 Sigmoid 函数来计算,其输出值为 0～1。当重置门的输出接近于 1 时,表示网络需要从之前的状态中获取更多的信息;当重置门的输出接近于 0 时,表示网络需要更加依赖当前的输入信息。因此,重置门可以让网络选择性地忘记或记住之前的状态信息。

更新门是门控 RNN(GRU)中的另一种门控机制。更新门的作用是控制模型是否记住之前的状态信息,以及如何将新的输入信息与之前的状态信息进行结合,具体来说,在 GRU 中,每个时间步都有一个更新门,用一个 Sigmoid 函数来计算,其输出值为 0～1。当更新门的输出接近于 1 时,表示网络需要完全记住之前的状态信息;当更新门的输出接近于 0 时,表示网络完全忽略之前的状态信息,只依赖于当前的输入信息。因此,更新门可以让网络选择性地记住或忘记之前的状态信息。

GRU 将 LSTM 中的输入门和遗忘门合并成了一个门,即更新门。在 GRU 网络中,没有 LSTM 网络中的内部状态和外部状态的划分,而是通过直接在当前网络的状态 h_t 和上一时刻网络的状态 h_{t-1} 之间添加一个线性的依赖关系,重置门有助于捕获

序列中的短期依赖关系；更新门有助于捕获序列中的长期依赖关系，解决梯度消失和梯度爆炸的问题。

4. Bi-LSTM

Bi-LSTM(Bi-directional Long Short-Term Memory)是由前向 LSTM 和后向 LSTM 组成的。该方法由来的原因是中文中的倒装句不像英文一样，由固定的倒装词来引导，中文词语在句子中的前后顺序不同，意义可能截然相反。如"我不觉得她好"中"不"字是对于后边"好"字的否定，该句子的情感色彩为贬义。在使用 LSTM 模型时可以捕捉到较长距离的依赖性，但只能是从前向后的，无法编码从后向前的信息。在进行更细颗粒度分类时，需要注意到情感词、程度词、否定词之间的交互，因此 Bi-LSTM 可以更好地捕捉双向的语义依赖。

单层的 Bi-LSTM 是由两个 LSTM 组合而成的，一个作为正向处理输入序列，另一个作为反向处理序列，处理完成后将两个 LSTM 的输出拼接起来，得到最终的 Bi-LSTM 输出结果。

Bi-LSTM 既解决了 RNN 带来的梯度消失问题，又能够充分考虑文本上下文信息。

2.3.5　图卷积信息抽取模型

1. 图卷积的定义及应用

图卷积网络(Graph Convolutional Network, GCN)将卷积操作从传统数据(图像或网格)推广到图数据。GCN 在构建许多其他复杂的图神经网络模型中发挥着核心作用，包括基于自动编码器的模型、生成模型和时空网络等。

GCN 在引文网络、社交网络、化学·生物图、计算机视觉、推荐系统、交通预测等方面有着广泛的应用。在引文网络方面，引文网络由论文、作者及其关系组成，例如引文、作者身份、共同作者身份。尽管引文网络是有向图，但它们通常在评估关于节点分类、链接预测和节点聚类任务的模型性能时，将其视为无向图。论文引用网络有三个流行的数据集，分别为 Cora、Citeseer 和 Pubmed。在社交网络方面，社交网络由来自在线服务(如 Catalog、Reddit 和 Epinions)的用户交互形成。BlogCatalog 数据集是一个社交网络，由博主及其社交关系组成，博主的标签代表了他们的个人兴趣。Reddit 数据集是由从 Reddit 论坛收集的帖子形成的无向图。如果两个帖子包含同一用户的评论，则它们将被链接。每个帖子都有一个标签，表明它所属的社区。Epinions 数据集是从在线产品评论网站收集的多关系图，其中评论者可以拥有不止一种类型的关系，例如信任、不信任、核心观点和共同评价。在化学·生物图方面，化学分子和化合物可以用化学图表示，以原子为节点，化学键为边。此类图通常用于评估图分类性能。在计算机视觉方面，GCN 的最大应用领域之一是计算机视觉。研究人员已经探索了在场景图生成、点云分类和分割、动作识别和许多其他方向中应用图结构。在推荐系统方面，基于图的推荐系统将项目和用户作为节点。通过利用项目与项目、用户与用户、用户与项目之间的关系以及内容信息，基于图的推荐系统能够产生高质量的推荐。在交通预测方面，交通拥堵已成为现代城市的社会热点问题。准确预测交通网络中的交通速度、交通量或道路密度对于路线规划和流量控制至关重要。交通流量预测中的 GCN 模型的输入是时空图。在这个时空图中，节点由放置在道路上的传感器表示，边缘由超过阈值的成对节点的距离表示，每个节点都包含一个时间序列作为特征。目标是预测一个时间间隔内道路的平均速度。另一个有趣的应用是出租车需求预测。这极大地帮助智能交通系统有效利用资源和节约能源。此外，已经初步探索将 GCN 应用于其他问题，例如程序验证、程序推理、社会影响预测、对抗性攻击预防、电子健康记录建模、大脑网络、事件检测和组合优化。

2. GAT

GAT（Graph Attention Network，图注意网络）是一种基于注意力机制的图神经网络模型，由 Petar Veličković 等于 2018 年提出。GAT 的核心思想是引入自注意力机制来为每个节点分配不同的权重，从而更好地捕捉图的结构特征。

GAT 主要由注意力机制、多头注意力和非线性激活函数三部分构成。注意力机制指 GAT 使用注意力机制来为每个节点的邻居分配权重。这使得模型能够学习不同节点之间的重要性，从而捕捉图中的局部结构信息。多头注意力指 GAT 引入了多头注意力来实现多种注意力权重的学习。这可以使模型具有更强的表示能力，同时增强模型的泛化能力。GAT 使用非线性激活函数（如 LeakyReLU）为注意力权重添加非线性特征，从而使模型能够学习更复杂的图表示。

GAT 的工作原理如下。

（1）邻居节点信息聚合：GAT 首先将图中每个节点的特征向量表示为一个高维向量。然后，对于每个节点，GAT 将其邻居节点的特征向量进行聚合。这一步骤类似于传统的图卷积操作，但是 GAT 使用注意力机制为每个邻居节点分配不同的权重。

（2）计算注意力权重：GAT 使用一个单层神经网络（具有可学习的权重参数）来计算节点之间的注意力权重。该权重表示一个节点与其邻居节点之间的重要性。

（3）归一化注意力权重：为了使权重值可比且具稳定性，GAT 使用 Softmax 函数对注意力权重进行归一化。

（4）信息更新与多头注意力：GAT 使用归一化的注意力权重对邻居节点的特征向量进行加权求和，然后使用非线性激活函数（如 ReLU）进行激活。为了提高模型的表达能力，GAT 通常使用多个注意力头并行计算，然后将结果拼接或平均作为最终的节点表示。

（5）堆叠多层 GAT：GAT 可以堆叠多层来学习图中的高阶邻居信息。

GAT 广泛应用于各种图数据任务，如节点分类、图分类、链接预测等。它的优点在于能够自适应地为每个节点分配权重，从而更好地捕捉图的结构特征。同时，多头注意力和堆叠多层 GAT 可以进一步提高模型的表达能力和泛化性能。

2.3.6 迁移学习信息抽取模型

1. 迁移学习的定义及方法

迁移学习是一种机器学习方法，就是把为任务 A 开发的模型作为初始点，重新使用在为任务 B 开发模型的过程中。

深度学习中在计算机视觉任务和 NLP 任务中将预训练的模型作为新模型的起点是一种常用的方法，通常这些预训练的模型在开发神经网络的时候已经消耗了巨大的时间资源和计算资源，迁移学习可以将已习得的强大技能迁移到相关的问题上。

迁移学习的方法主要分为两种，开发模型的方法和预训练模型方法，其中预训练模型方法的迁移学习在深度学习领域比较常用。开发模型的方法如下。

（1）选择源任务。选择一个具有丰富数据的相关的预测建模问题，原任务和目标任务的输入数据、输出数据及从输入数据和输出数据之间的映射中学到的概念之间有某种关系。

（2）开发源模型。为第一个任务开发一个精巧的模型。这个模型一定要比普通的模型更好，以保证一些特征学习可以被执行。

（3）重用模型。然后，适用于源任务的模型可以被作为目标任务的学习起点。这可能将会涉及全部或者部分使用第一个模型，这依赖于所用的建模技术。

（4）调整模型。模型可以在目标数据集中的输入-输出对上选择性地进行微调，以让它适应目标任务。

预训练模型的方法如下。

（1）选择源模型。一个预训练的源模型是从可用模型中挑选出来的。很多研究机构都发布了基于超大数据集的模型，这些都可以作为源模型的备选者。

（2）重用模型。选择的预训练模型可以作为用于第二个任务的模型的学习起点。可以利用模型在第一个任务上学到的通用特征和模式，从而减少对大量训练数据的依赖，提高模型的泛化能力和训练效率。

（3）调整模型。模型可以在目标数据集中的输入-输出对上选择性地进行微调，以让它适应目标任务。

2. 基于迁移学习的文本分类研究

文本分类是用预定义集合中的主题类别标记自然语言文本的活动，这是 NLP 领域一个相当经典的问题，相关研究已经有近 70 年的历史了。20 世纪 50 年代末，基于专家规则的文本分类被提出，这一时期的文本分类主要利用手工定义的规则来实现，这对于提出规则的人员有对某个/些专业领域深入了解的较高要求，这样才能保证规则的准确性，词频统计的思想便是在这一时期开创性提出的。这种方式的文本分类方案在 20 世纪 80 年代初得到了大力发展，利用知识工程建立专家系统，短时间之内解决了一些拓扑问题，信息检索技术也日渐完善，有利用因子分析法实现的文献自动分类方法，有通过不断根据用户反馈修正权重向量方式实现的线性分类器等。在 1961 年，Maron 率先采用了贝叶斯公式实现文本分类，首次将经典的数学思想、算法引入该领域。1990 年左右，随着大量机器学习算法的引入，更加准确、高效的自动化文本分类技术不断壮大，弥补了手工建立分类器的缺陷，不再依赖于领域专家的专业性，也无须过多人工干预。这种利用已分类文本数据训练一个分类器，作用到未知类别的文本数据上进行自动分类的方式使得分类的准确率和效率都得到了提升，并能真正应用于实际而非局限于研究、实验。如今已成为主流的文本分类方法，在众多领域都得到了非常广泛的应用，包括垃圾邮件分类、情感分析、新闻主题分类等。这些对于当下复杂的网络环境中的舆情分析有着极其重要的研究意义和应用价值。

根据目标域数据与源域数据的特征空间是否相同，迁移学习可分为同构迁移学习、异构迁移学习，即当两个域的特征空间相同时为同构迁移学习，否则为异构迁移学习。同构迁移学习的研究根据迁移的对象又可以分为基于实例、基于特征、基于参数和基于关系几方面。异构迁移学习则指目标域与源域的特征空间不同的迁移学习，由于目标域和源域的特征空间不同，不具备采用基于实例进行研究的条件，因此当前的异构迁移学习方法主要都是基于特征展开的。异构迁移学习适用于源域与目标域特征空间不同的情况，而异构迁移学习的主要思想就是要寻找能够联系两域特征的桥梁，常用的方法是计算互信息、主成分分析等常用的数学方法。目前尚未有将迁移学习直接应用于信息安全领域的研究，但通过解决文本分类、图像识别等领域中数据的特征空间、分布差异问题，可以有效促进这些技术在信息安全中的应用。

通过引入异构迁移学习来完成文本分类研究，需要经过数据准备模块、训练模块、测试模块等来实现系统应用。

在文本分类研究中，迁移学习通过利用预训练模型的通用语言知识，为特定任务提供更强大的表示能力。迁移学习在减少训练时间和计算资源、提高模型性能、适应不同领域和任务以及缓解数据稀缺问题方面具有显著优势。

2.4 古籍文本信息抽取的应用领域

古籍文本信息抽取技术在数字人文、文化遗产保护等领域的应用非常广泛,可以帮助人们更好地理解和保护古籍文化遗产。但是,古籍文本信息抽取技术也面临着一些挑战,如文本质量较低、语言变化较大等问题,需要结合具体应用场景进行技术调整和优化。

2.4.1 古籍数字化

古籍文本信息抽取技术可以用于对古籍进行数字化处理,将古籍转换为计算机可读的形式,从而方便存储、传播和研究。例如,通过 OCR 将古籍文本转换为文本格式,实现古籍文献电子化,在此基础上,通过息抽取技术将非结构化中的古籍元数据(如作者、出版年代等)等信息抽取出来,转换为结构化或半结构化的信息,为古籍数字化应用奠定数据基础。

2.4.2 古籍文本分析

古籍文本信息抽取技术可以用于对古籍文本进行分析和研究。信息抽取技术的介入,能大量、准确、自动化地提取所需要的信息,对文本后续的分析和理解起着至关重要的作用。NER 技术可以挖掘古籍文献研究领域实体,具有一定的潜在应用价值。例如,通过实体识别技术将古籍中人名、地名、时间等实体抽取出来,从而帮助研究者了解古籍中的人物、地理和历史背景等信息,同时可以加快古籍知识库检索速度及提高准确率。

2.4.3 文化遗产保护

古籍文本信息抽取技术可被用于文化遗产保护中,从而保护文化遗产的完整性和可持续性。例如,通过文本相似度匹配技术,可以对不同版本的古籍进行比对,以检测出可能存在的伪造或篡改。

2.4.4 古籍知识图谱构建

古籍文本信息抽取技术可以用于构建古籍知识图谱,从而帮助人们更好地了解古籍中的知识体系和关系。例如,通过 RE 技术将古籍中的人物、事件、时间等信息抽取出来,并将它们之间的关系构建成知识图谱。

第3章

基于Transformer模型的NER

3.1　引言

随着数字化技术的快速发展,越来越多的古籍文献可以使用数字化存储和传播。然而,古籍文本的复杂性和特殊性给其信息抽取和文本分析带来了巨大挑战。在古籍研究领域,准确地识别和标注文本中的命名实体对于深入挖掘古籍的知识、历史和文化具有重要意义。

在古籍识别任务中,NER 的目标是自动识别文本中的人名、地名、机构名等实体,以及日期、时间等具有特定意义的实体。这些实体信息是深入理解古籍文本、还原历史场景、揭示人物关系和地理背景的重要线索。

基于 Transformer 模型的 NER 技术作为 NLP 领域的重要突破,为古籍文本识别提供了新的解决方案。本章旨在探索基于 Transformer 模型的 NER 方法在古籍识别中的应用,本章将使用在 Transformer 架构基础上引申出来的基于分层 Transformer 模型的 NER、基于 BERT-CRF(Bidirectional Encoder Representations from Transformers with Conditional Random Fields,基于条件随机场转换器的双向编码表示)的 NER 和基于迁移学习的细粒度 BERT(Bidirectional Encoder Representations from Transformers,基于转换器的双向编码表示)的 NER 三种方法,用于古籍实体识别的研究。

3.2　问题引入

古籍文献作为珍贵的文化遗产,蕴含着丰富的历史、文学和社会信息,对于古代社会、文化传承和学术领域都具有重要价值。然而,由于古籍文本的特殊性和复杂性,对其进行深入的分析和理解一直面临着挑战。在此背景下,如何利用先进的 NLP 技术来提升古籍文献的识别和分析能力成为一个重要的问题。

NER 是 NLP 中的一个关键任务,旨在识别文本中具有特定语义含义的命名实体,如人名、地名、时间、收藏地等。在古籍文本实体识别任务中,准确地识别和标注古籍文本中的命名实体是一项具有挑战性的任务。古籍文本常常使用古代汉字、异体字和古代人名、地名的表示形式,使得传统的基于规则或词典的方法往往无法满足准确实体识别的要求。

Transformer 模型能够通过学习上下文信息,对复杂的古籍文本进行更准确的NER。然而,将基于 Transformer 模型的 NER 方法应用于古籍文献识别任务中仍然存在一些问题和挑战。首先,古籍文献的特殊性导致其数据量有限,相比于现代语料库,可用于训练的标注数据较少。如何在有限的古籍数据上训练出高性能的 NER 模型,成为一个亟待解决的问题。其次,古籍文本中存在着各种异体字、俗字和缺失字等,这些问题对于命名实体的准确识别带来了挑战。此外,古籍文献中的人名、地名常常具有多义性和上下文依赖性,如何准确区分不同的命名实体,尤其是在上下文信息有限的情况下,也是一个需要解决的问题。基于上述问题,本章旨在探索基于Transformer 模型的 NER 方法在古籍命名实体识别中的应用,利用 Transformer 模型提升古籍文献的 NER 性能。

3.3 基于分层 Transformer 模型的 NER

3.3.1 引言

NLP 的根本目标之一是开发能够理解人类语言所表达的潜在语义系统。实现这一目标的一个重要步骤是能够有效地提取有用的语义信息,例如,从给定的文本中识别出命名实体的边界以及命名实体的类型,也就是 NER,它是信息抽取中的标准任务之一。

在大规模地应用深度学习之前,NER 方法主要以基于词典和规则的方法、传统机器学习的方法为主,识别准确率在缓慢提升,但一直无法取得理想效果。深度学习的引入和发展使 NER 任务的准确率得到了很大的提高。开发能够高效识别嵌套命名实体的算法对于许多 NLP 下游任务的执行至关重要,而且具有一定的实际应用价值,如 RE、EE、共参分解、知识库问答、信息检索和语义解析等。然而,嵌套命名实体结构是复杂多变的,嵌套颗粒度与嵌套层数缺乏规律性,如何快速高效地从开放领域的文本中准确获取嵌套命名实体结构信息,使得语义理解更加精准,是 NLP 进入全面化应用的关键。

早期,人们常结合基于规则和基于机器学习的方法来处理嵌套命名实体。文献首先使用隐马尔可夫模型识别最内层的非嵌套命名实体,其次使用基于规则的后处理来识别外部命名实体,最后在 GENIA 数据集上评估。Alex 等人于 2017 年提出了几种基于 CRF 的技术,用于对 GENIA 数据集进行嵌套 NER。该方法以特定的顺序对实体类型应用 CRF,这样每个 CRF 都能利用前面 CRF 的输出,采用这种级联方法可以取得最佳嵌套 NER 结果。2009 年,Finkel 和 Manning 从解析的角度来实现嵌套 NER 任务,通过构建选区树,将命名实体映射到树中的节点上。

3.3.2 实现原理与步骤

基于分层 Transformer 模型的 NER 的实现原理主要涉及两方面,分别是分层 Transformer 模型和标注数据的预处理。

1) 分层 Transformer 模型

分层 Transformer 模型是一种基于 Transformer 的模型架构,用于处理 NLP 任务。它由多层 Transformer 编码器和解码器组成,其中编码器负责将输入文本表示为上下文有关的向量表示,解码器负责生成输出结果。

在 NER 任务中,输入是一个句子,目标是识别出句子中的命名实体,如人名、地名、组织机构等。为了实现这一目标,分层 Transformer 模型首先将输入句子的每个单词转换为其对应的词向量。然后,通过多个编码器层,逐步将输入句子的上下文信息编码到词向量中。每个编码器层包括多头自注意力机制和前馈神经网络层。多头自注意力机制可以捕获单词之间的依赖关系,前馈神经网络层用于对词向量进行非线性变换。通过多个编码器层的堆叠,模型可以逐渐提取句子中的上下文信息。

在编码器的输出上,可以应用 CRF 层来对每个单词进行标签预测。CRF 层考虑了相邻单词之间的标签依赖关系,可以提高模型在命名实体边界的准确性。最终,模型会输出每个单词的命名实体标签。

2) 标注数据的预处理

在训练分层 Transformer 模型之前,需要对标注数据进行预处理。通常,标注数据由句子和每个单词对应的命名实体标签组成。预处理包括将句子转换为词向量表示以及将命名实体标签转换为模型可接受的形式。句子的转换可以使用预训练的词向量模型,例如 Word2Vec 或 GloVe,将每个单词映射为词向量。这些词向量可以在分层 Transformer 模型的输入层使用。命名实体标签的转换通常采用 BIO(Begin,Inside,Outside)或者 BIOES(Begin,Inside,Outside,End,Single)格式。BIO 和 BIOES 是常用的命名实体标签编码方案,用于表示命名实体的开始、内部、结束和单独的状态。通过预处理标注数据,可以将其转换为模型可接受的输入形式,从而训练分层 Transformer 模型进行 NER。

总之,基于分层 Transformer 的 NER 的实现原理包括分层 Transformer 模型的架构和标注数据的预处理。这些技术可以帮助模型从输入句子中提取上下文信息,并预测每个单词的命名实体标签。使用分层 Transformer 模型进行 NER,步骤如下。

（1）数据准备。

收集或准备一个 NER 标注数据集,其中包含句子和每个单词对应的标签(如人名、地名、组织机构等)。并将标注数据集划分为训练集、验证集和测试集。

（2）模型构建。

选择一个适合的分层 Transformer 模型,如 BERT 或 GPT(Generative Pre-trained Transformer,生成式预训练变换器)。根据任务需求,可以选择在预训练的模型上进行微调(fine-tuning),或从头开始训练。在模型中添加适当的层和参数,以输出每个单词的命名实体标签。

（3）输入数据处理。

将句子转换为词向量表示,可以使用预训练的词向量模型,如 Word2Vec 或 GloVe,将每个单词映射为词向量。将标签转换为模型可接受的形式,通常使用 BIO 或 BIOES 编码方案。

（4）模型训练。

使用训练集进行模型的训练。将输入数据(词向量表示)和标签输入模型中,计算预测结果,并与真实标签进行比较,计算损失函数。根据损失函数的反向传播算法,更新模型的参数,以减小预测结果与真实标签之间的差距。重复迭代训练过程,直到模型收敛或达到指定的训练轮数。

（5）模型评估。

使用验证集对模型进行评估,计算准确率、召回率、F1 评分等指标,以评估模型的性能。根据评估结果,可以对模型进行调整和优化。

（6）模型应用。

使用测试集对模型进行最终评估,评估模型在未使用过的数据集上的性能。将训练好的模型部署到实际应用中,对新的文本进行 NER。需要注意的是,在实际应用中,可以根据具体需求对模型进行调整和优化,例如增加正则化、模型融合、后处理等技术,以提高 NER 的性能。

3.3.3 基本结构与训练方法

1. 基本结构

嵌套 NER 框架如图 3.1 所示,该框架主要包含 5 部分内容。

（1）获取有标签数据集:人工标注获取有标签嵌套命名的实体数据集。常见的标注方法如下。

① BIO 标注法,其中 B 表示开始,I 表示内部,O 表示外部。

② BIOES 标注法,该标注方法是 BIO 标注法的延伸,其中 E 表示结束,S 表示单

独构成一个命名实体。

（2）构建词语向量表示：对原始的输入字符序列进行分词，将分词表示成计算机可识别的计算类型，在各个位置上学习一个位置向量表示来编码序列顺序的信息，或者在表示以外加入一些传统的浅层有监督模型中使用的特征。

（3）进行特征提取：对词向量表示进行特征变换、编码，例如使用递归神经网络、CNN、Transformer等进行建模和学习。

（4）嵌套NER：采用一定的模型对词语向量表示和提取的特征进行训练，得到嵌套NER预训练模型。

（5）评估识别性能：对识别结果进行评测，评测流程见图3.1。

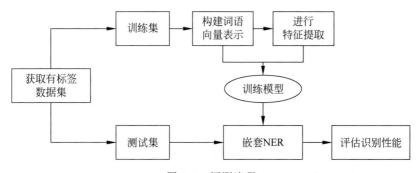

图3.1 评测流程

分层Transformer模型是一种基于Transformer的模型架构，用于处理NLP任务。它主要由多个编码器层组成，每个编码器层由多头自注意力机制和前馈神经网络层组成。以下是分层Transformer模型的基本结构。

（1）输入嵌入层（Input Embedding Layer）。

将输入的文本序列中的每个单词转换为其对应的词向量表示。可以使用预训练的词向量模型，如Word2Vec或GloVe，或者在模型训练时从头开始学习词向量。

（2）编码器层（Encoder Layer）。

多个编码器层的堆叠是分层Transformer模型的核心。每个编码器层可以独立地对输入序列进行处理，并且每个编码器层的输出将作为下一个编码器层的输入。每个编码器层包含两个子层：多头自注意力机制层和前馈神经网络层。

（3）多头自注意力机制层（Multi-Head Self-Attention Layer）。

在多头自注意力机制层中，输入序列的每个单词都会与其他单词进行交互，以捕捉单词之间的依赖关系。通过使用多个注意力头，模型可以同时学习多个注意力权重，以捕捉不同的语义信息。注意力权重告诉模型每个单词与其他单词的关联程度。

（4）前馈神经网络层（Feed-Forward Neural Network Layer）。

在前馈神经网络层中，通过对多头自注意力机制的输出进行非线性变换。通常，前馈神经网络层由两个全连接层和一个激活函数组成，用于引入非线性。

（5）输出层（Output Layer）。

在 NER 任务中，可以在编码器的输出上应用 CRF 层。CRF 层考虑了相邻单词之间的标签依赖关系，可以提高模型在命名实体边界的准确性。最终，模型会输出每个单词的命名实体标签。通过多个编码器层的堆叠，分层 Transformer 模型可以逐渐提取输入序列的上下文信息，并预测每个单词的命名实体标签。

需要注意的是，分层 Transformer 模型可以根据具体任务的需求进行调整和扩展。例如，在 NER 中，可以在模型中添加 CRF 层以考虑标签依赖关系，或者使用模型融合等技术来提高性能。

2. 训练方法

分层 Transformer 的训练方法通常采用两个阶段：预训练阶级和微调阶级。

（1）预训练阶段。

在预训练阶段，使用大规模的未标注文本数据集对分层 Transformer 模型进行训练。通常使用自监督学习的方法，如掩码语言建模（Masked Language Modeling，MLM）或预测下一个句子（Next Sentence Prediction，NSP）来训练模型。在 MLM 任务中，一部分输入文本中的单词会被随机掩码，模型需要预测这些掩码单词的正确标签。在 NSP 任务中，模型需要判断两个句子是否相邻，以帮助模型学习句子级别的关系。

（2）微调阶段。

在预训练完成后，使用有标签的任务特定数据集对模型进行微调，以适应具体的任务。在 NER 任务中，可以准备一个 NER 标注的数据集，其中包含句子和每个单词对应的命名实体标签。将 NER 数据集输入模型中，计算预测结果，并与真实标签进行比较，计算损失函数。根据损失函数的反向传播算法来更新模型的参数，以减小预测结果与真实标签之间的差距。重复迭代训练过程，直到模型收敛或达到指定的训练轮数。在微调阶段，可采用下述策略来进一步优化模型性能。

① 学习率调整：可以使用学习率衰减策略，如逐渐减小学习率或在训练过程中进行学习率的动态调整。

② 正则化：可以使用正则化技术，如权重衰减（Weight Decay）或随机删除神经元（Dropout），以防止过拟合。

③ 模型融合：可以将多个训练好的模型进行融合，如使用集成学习方法或模型堆叠方法，以提高泛化能力。需要注意的是，分层 Transformer 的预训练和微调方法可以根据具体的任务需求进行调整和优化。此外，采用更大规模的预训练数据集和更复杂的训练策略通常可以提高模型的性能。

3. 预训练模型

分层 Transformer 模型的预训练模型有许多,其中一些最为知名和常用的预训练模型包括以下几种。

(1) BERT。

BERT 是一种基于 Transformer 架构的预训练模型,通过 MLM 和 NSP 的任务来进行训练。BERT 模型在多种 NLP 任务上取得了显著的性能提升,并广泛应用于文本分类、NER 等任务中。

(2) GPT。

GPT 是一种基于 Transformer 架构的预训练模型,通过语言模型任务进行训练。GPT 模型使用自回归的方式生成下一个单词,以捕捉句子中的上下文关系,并能够生成连贯的句子。

(3) RoBERTa。

RoBERTa 是在 BERT 模型的基础上进行改进和优化的预训练模型。RoBERTa 采用更大的模型规模和更长的预训练步骤,以获得更好的性能表现。

(4) ALBERT。

ALBERT 是对 BERT 模型进行改进,以减小模型规模和参数数量的预训练模型。ALBERT 通过共享参数和分解参数矩阵等技术,实现模型轻量化,提高了训练和推断的效率。

除了以上列举的模型,还有许多其他的分层 Transformer 预训练模型,如 XLNet、T5、ELECTRA 等。这些模型在不同的任务和数据集上表现出色,具有不同的优势和特点。需要根据具体的任务需求、数据集和计算资源等因素选择适合的预训练模型,并结合微调和优化技术来进一步提高模型的性能。

4. 损失函数

分层 Transformer 模型的损失函数可以根据具体任务进行选择。以下是几种常见的损失函数示例。

(1) MLM。

在预训练阶段,分层 Transformer 模型通常使用 MLM 任务进行训练。在该任务中,输入文本中的一部分单词会被随机掩码,模型需要预测这些掩码单词的正确标签。通常,采用交叉熵损失函数来计算模型预测结果与真实标签之间的差异。

(2) NSP。

在预训练阶段,分层 Transformer 模型还可以通过使用预测下一个句子的方式来进行训练。在该任务中,模型需要预测两个句子是否是相邻的。通常,采用二元交叉熵损失函数来计算模型预测的概率分布与真实标签概率分布之间的差异,具体来说,即计算相邻或不相邻句子的模型预测概率与真实标签之间的差异。

（3）NER。

在微调阶段,针对 NER 任务,常用的损失函数是序列标注任务中的交叉熵损失函数。模型将根据输入句子对每个单词进行命名实体标签的预测,并与真实标签进行比较。交叉熵损失函数可度量模型预测结果与真实标签之间的差异,以便通过反向传播算法来更新模型参数。

除上述示例损失函数外,还可以根据具体任务的特点和需求定义其他适合的损失函数。例如,在机器翻译任务中,可以使用序列级别的交叉熵损失函数来计算预测结果与目标序列之间的差异。需要根据具体任务的特点选择合适的损失函数,并结合其他优化技术来进一步提高分层 Transformer 模型的性能和泛化能力。

5. 评估指标

评估分层 Transformer 模型的性能时,可以使用多种指标来衡量其在不同任务上的表现。以下是一些常用的评估指标示例。

（1）准确率（Accuracy）。准确率是最常见的评估指标,用于评估分类任务的性能。它表示正确分类模型在所有样本中的比例。

（2）精确率（Precision）和召回率（Recall）。精确率和召回率通常一起使用,用于评估二分类和多分类任务中的模型性能。精确率衡量模型预测为正类别的样本中,实际为正类别的比例。召回率衡量实际为正类别的样本中,模型预测为正类别的比例。

（3）F1 评分（F1-Score）。F1 评分综合了精确率和召回率,用于评估二分类和多分类任务中的模型性能。F1 评分是精确率和召回率的调和平均值,能够综合考虑模型的预测准确性和对正例的召回能力。

（4）均方误差（Mean Squared Error,MSE）。MSE 常用于回归任务中,用于评估模型预测结果与真实值之间的差异。它计算预测值与真实值之间差异的平方的平均值。

（5）对数损失（Log Loss）。对数损失常用于概率预测任务中,用于衡量模型对概率分布的预测准确性。它度量模型预测结果与真实结果之间的差异的平均对数概率。

（6）特定于任务的评估指标。在一些特定的任务中,可能还会使用任务特定的评估指标。例如,在 NER 任务中,可以使用标签级别的精确率、召回率和 F1 评分来评估模型对命名实体的识别能力。在评估分层 Transformer 模型性能时,应根据任务类型和需求选择合适的评估指标。同时,交叉验证和对比实验等方法有助于更全面和准确地评估模型在各项指标上的性能。

3.3.4 示例

这里以 Python 代码的形式给出一个基于 TensorFlow 实现的分层 Transformer NER 模型示例。

```python
import tensorflow as tf
from tensorflow.keras.layers import Dense, Input
from tensorflow.keras.models import Model
# 输入表示层
input_ids = Input(shape = (MAX_SEQ_LEN,), dtype = tf.int32)
input_masks = Input(shape = (MAX_SEQ_LEN,), dtype = tf.int32)
segment_ids = Input(shape = (MAX_SEQ_LEN,), dtype = tf.int32)
# 分层 Transformer 编码器
x = Embedding(vocab_size, d_model)(input_ids) # 词嵌入
x = AddPositionEncoding(x)                    # 添加位置编码
for n in range(n_layers):
x = MultiHeadAttention(d_model, n_heads)([x, x, x, input_masks]) # 多头自注意力
x = FeedForward(d_model)([x])                 # 前馈神经网络
# 序列标记层
x = Dense(n_tags)(x)
output = CRF(n_tags)(x)                        # CRF 层
# 构建模型
model = Model(inputs = [input_ids, input_masks, segment_ids], outputs = output)
# 编译和训练模型
model.compile(optimizer = Adam(learning_rate), loss = crf_loss)
model.fit([input_ids, input_masks, segment_ids], labels, epochs = n_epochs)
# 预测和后处理
pred = model.predict([input_ids, input_masks, segment_ids])
pred = post_process(pred)                      # 后处理,如去除冗余实体、合并实体等
```

该模型主要包含以下几部分。

(1)输入表示层:使用词嵌入和位置编码将词序列转换为向量序列。

(2)分层 Transformer 编码器:包含多层 Transformer 编码器,每个编码器层包括多头自注意力和前馈神经网络。

(3)序列标记层:使用 CRF 层对序列进行标记,预测每个词的实体标签。

(4)模型训练:使用交叉熵损失和 CRF 损失训练模型。

(5)预测和后处理:使用训练好的模型进行预测,并使用后处理技术改进预测结果。

该示例演示了如何利用 TensorFlow 实现一个基本的分层 Transformer NER 模型。可以对模型进行进一步改进,如调整超参数、使用更大的预训练模型等,以提高模型性能。

3.3.5 实验分析

HiTRANS 模型描述如图 3.2~图 3.4 所示。

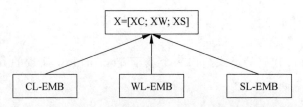

图 3.2　HiTRANS 模型概述——语句的多个层级表征图

为了更好地捕捉句子的语义信息,从多个层级进行表征,例如,字符级、单词级和句子级。字符级嵌入(CL-EMB)、单词级嵌入(WL-EMB)和字符级嵌入(SL-EMB)被级联以获得更好的表示。

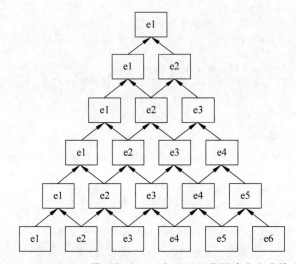

图 3.3　HiTRANS 模型概述——自下而上分层跨度生成模型图

为了从嵌套结构句子中提取嵌套实体,设计了一个分层跨度生成模型,该模型由两个阶段组成,以生成 NER 的候选跨度。具体地,这两个阶段分别以自下而上和自上而下的方式生成候选跨度。在该模型的每一层中,首先利用卷积神经网络(CNN)聚合下一层的两个相邻跨度,生成所有可能的平面实体作为进一步预测的候选。然后利用多头注意力层来增强每个候选的表示学习。自下而上分层跨度生成模型网络的核心思想是通过从底层到顶层递归堆叠卷积神经网络来生成候选跨度的特征向量。

在相反的方向上,由于高层的长实体与低层的短实体在相同的上下文中密切相关,因此高级特征可以通过提供与低级特征互补的附加背景信息来有助于识别低层中的实体。因此,自上而下分层跨度生成模型网络旨在以自上而下的方式将高层信息传播到较低层。P 表示采用 CNN 时的填充。

总体而言,基于超图的方法获得的不错的结果取决于表达性标注模式,然而,模糊性和高时间复杂性几乎不是不可避免的。基于跨度的方法提高了 NER 的性能;然而,它们可能会打破上下文的连续结构。为了缓解这个问题,基于层次的模型通过分

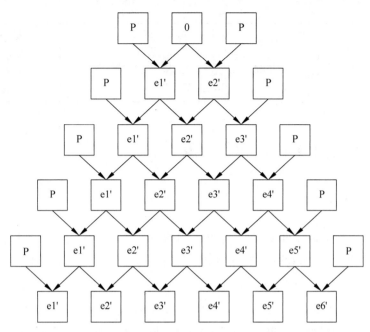

图 3.4　HiTRANS 模型概述——自上而下分层跨度生成模型图

层结构进一步提高了最终的性能,但是,跨度表示过于简化。此外,与预训练语言模型 (Pre-trained Language Models,PLMs)结合的方法,例如,BERT 和 ALBERT,通常优于以前的方法,其中利用捕获句子级特征的方法分析上下文结构。

　　以"中国少数民族古籍总目提要"数据集中回族卷中的识别为例,原文如下:"重修大殿卷棚水房水池碑记石碑 1 通。民国 3 年(1914)买兰馥撰文撰,刘凤舞刻。清真寺重修大殿碑。记述重修大殿卷棚、水房、水池事,落成立碑留念,刻捐资者姓名。碑在今河南省郏县北大街清真寺,总碑面 155cm×60cm,一面有字。刻面 120cm×45cm,竖刻汉文 21 行。碑额 100cm×30cm,刻阿拉伯文 1 行。石材。保存完好。(杨俊杰)"对于这段话可以提取出一些标签信息,如古籍名称、时间和地名等。这段节选的段落的标签抽取结果如表 3.1 所示。

表 3.1　HiTRANS 模型的标签抽取结果

开　始	结　束	文　本	标　签
1	12	重修大殿卷棚水房水池碑记	古籍名称
13	14	石碑	类别
15	16	1 通	数量
18	27	民国 3 年(1914)	时间
28	30	买兰馥	编著者
82	92	河南省郏县北大街清真寺	地名
94	106	总碑面 155cm×60cm	大小
113	124	刻面 120cm×45cm	大小

续表

开　始	结　束	文　本	标　签
130	132	21 行	大小
134	145	碑额 100cm×30cm	大小
170	173	杨俊杰	编著者

3.4　基于 BERT-CRF 的 NER

3.4.1　引言

随着 NLP 领域的不断发展,利用神经网络进行语言表示的最新进展使得将训练模型的学习内部状态转移到下游任务成为可能,例如 NER 和问题回答。研究表明,利用预训练的语言模型可以提高许多任务的整体性能,并且在标记数据稀缺时非常有益。本节探索了基于特征和微调的 BERT 模型训练策略,微调方法在"中国少数民族古籍总目提要"数据集上获得了新的最先进的结果,在选择性场景(5 个 NE 类)上将 $F1$ 评分提高了 1 分,在总场景(10 个 NE 类)上将 $F1$ 评分提高了 4 分。这些结果表明,BERT-CRF 模型具有很高的性能和迁移能力,可以在 NER 等 NLP 任务中取得优异的表现。

3.4.2　问题引入

NER 的任务是识别提到命名实体的文本范围,并将它们分类到预定义的类别中,例如人员、组织、位置或任何其他感兴趣的类别。尽管概念上很简单,但 NER 并不是一项容易的任务。命名实体的类别高度依赖于文本语义及其周围的上下文。此外,命名实体和评估标准的定义很多,导致了评估复杂性。目前最先进的 NER 系统采用的神经架构已经在语言建模任务上进行了预训练。这类模型的例子有 ELMo、OpenAI GPT、BERT、XLNet、RoBERTa、Albert 和 T5。研究表明,语言建模预训练显著提高了许多 NLP 任务的性能,也减少了监督学习所需的标记数据量。将这些最新技术应用于中文中非常有价值,因为带标记的资源很少,而未标记的文本数据非常丰富。研究人员采用了 BERT(基于变换器的双向编码表示)模型对中文的 NER 任务进行了评估,并比较了基于特征和基于微调的训练策略。这是第一次将 BERT 模型应用于中文的 NER 任务。

3.4.3　相关工作

NER 系统可以基于手工规则也可以基于机器学习方法。对于中文来说,目前的研究探索了机器学习技术,研究了神经网络模型在中文 NER 中的应用。Vieira 使用从中心词和周围词中提取的 15 个特征创建了一个 CRF 模型。Pirovani 等将 CRF 模型与 Local Grammars 结合起来,采用了类似的方法。从 Collobert 的工作开始,神经网络 NER 系统已经变得流行,因为最小的特征工程要求,这有助于更高的领域独立性。CharWNN 模型通过使用卷积层从每个单词中提取字符级特征,扩展了 Collobert 的工作。这些特征与预训练的词嵌入相连接,然后用于执行顺序分类。LSTM-CRF 架构已被广泛用于 NER 任务。该模型由两个双向 LSTM 组成,用于提取和组合字符级和词级特征,然后由 CRF 层执行顺序分类。

最近的工作探索了与 LSTM-CRF 体系结构一起从语言模型中提取的上下文嵌入。Santos 等使用 Flair Embeddings 从中文语料库上训练的双向字符级 LM 中提取上下文词嵌入。这些嵌入与预训练的词嵌入相连接,并馈送到 Bi-LSTM-CRF 模型。Castro 使用 ELMo 嵌入,该嵌入是 CNN 提取的字符级特征与由 Bi-LSTM 模型组成的双向 LM (biLM)每层隐藏状态的组合。

3.4.4　模型结构

模型体系结构主要由 BERT、CRF 组成,BERT 模型顶部有一个令牌级分类器,然后是一个线性链 CRF。对于 n 个标记的输入序列,BERT 输出一个隐藏维度为 h 的编码标记序列。模型将每个标记的编码表示投影到标签空间,即 $\mathbf{R}^H \to \mathbf{R}^K$,其中 K 是标签的数量,取决于类的数量和标记方案。然后将分类模型的输出分数 $\boldsymbol{P} \in \mathbf{R}^{n \times K}$ 馈送到 CRF 层,其参数为标签转换矩阵 $\boldsymbol{a} \in \mathbf{R}^{K+2 \times K+2}$。在矩阵 $\boldsymbol{A}$ 中,$\boldsymbol{A}_{i,j}$ 表示从标签 i 到标签 j 的转移得分。$\boldsymbol{A}$ 包含了两个附加状态:序列的开始和结束。如 Lample 所述,对于输入序列 $X = (x_1, x_2, \cdots, x_n)$ 和标签预测序列 $y = (y_1, y_2, \cdots, y_n)$,$y_i \in \{1, 2, \cdots, K\}$,则序列的分数定义为

$$s(\boldsymbol{X}, \boldsymbol{y}) = \sum_{i=0}^{n} \boldsymbol{A}_{y_i, y_{i+1}} + \sum_{i=1}^{n} \boldsymbol{P}_{i, y_i} \tag{3.1}$$

式(3.1)中,y_0 和 y_{n+1} 是开始和结束标记。对模型进行训练,使正确标签序列的对数概率最大化为

$$\log(p(\boldsymbol{y} \mid \boldsymbol{X})) = s(\boldsymbol{X}, \boldsymbol{y}) - \log\Big(\sum_{\bar{y} \in Y_X} e^{s(\boldsymbol{X}, \bar{y})}\Big) \tag{3.2}$$

其中,Y, X 是所有可能的标签序列。式(3.2)中的求和是用动态规划计算的。在求值过程中,通过维特比解码得到最可能的序列。继 Devlin 之后,本节仅计算每个令牌的第一个子令牌的预测和损失。

本节实验了两种迁移学习方法:基于特征和微调。对于基于特征的方法,BERT 模型权值保持不变,只训练分类器模型和 CRF 层。分类器模型由一个 1 层的

Bi-LSTM 和一个线性层组成。没有只使用 BERT 的最后一个隐藏表示层,而是根据 Devlin 对最后 4 层求和。得到的架构类似于 Lample 的 LSTM-CRF 模型,但使用了 BERT 嵌入。对于微调方法,分类器是一个线性层,所有权重,包括 BERT 的权重,在训练期间共同更新。对于这两种方法,没有 CRF 层的模型也被评估。在这种情况下,它们通过最小化交叉熵损失来优化。

为了在计算 BERT 的令牌表示时利用较长的上下文,本节使用文档上下文而不是句子上下文作为输入示例。遵循 Devlin 对 SQuAD 数据集的方法,使用 D 个令牌的跨步将超过 S 个令牌的示例分解为最长为 S 的跨度。在训练过程中,每个跨度被用作一个单独的例子。然而,在求值期间,单个标记 T_i 可以出现在 $N = \dfrac{S}{D}$ 的多个跨度 s_j 中,因此可能有多达 N 个不同的标签预测 $y_{i,j}$。每个标记的最终预测是从标记更接近中心位置的范围中获取的,即它具有有最多上下文信息的范围。图 3.5 说明了评估过程。

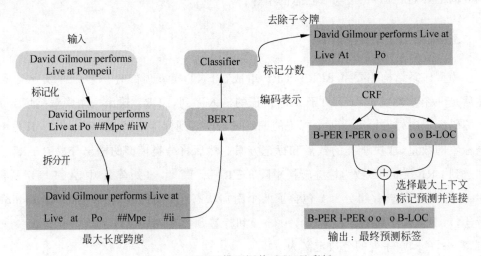

图 3.5 BERT 模型评估过程(见彩插)

3.4.5 实验结果

本节实验中,最大句子长度设置为 $S=512$ 个令牌。本节只训练大小写敏感的模型,因为大写与 NER 相关。使用 sentencepece 和 BPE 算法生成了一个包含 3 万个子词单位的中文词汇表和 20 万个随机中文维基百科文章,然后将其转换为 WordPiece 格式。对于预训练数据,本节使用了 brWaC 语料库,其中包含来自 353 万个文档的 26.8 亿个令牌,是迄今为止最大的开放中文语料库。brWaC 是由完整的文档组成的,它的方法保证了高度的领域多样性和内容质量,这是 BERT 预训练所需的特征。本节只使用了文档主体,并对数据应用单个后处理步骤,使用 ftfy 库删除 mojibakes3

和残余的 HTML 标签。最终处理的语料库有 17.5GB 的原始文本。预训练输入序列使用默认参数生成,并使用整个工作屏蔽(如果由多个子词单元组成的单词被屏蔽,则其所有子词单元都被屏蔽,并且必须在屏蔽语言建模任务中进行预测)。这些模型被训练了 100 万步。本书使用的学习率是 0.0001,在前 1 万步之后,学习率呈线性衰减。

对于 BERT Base 模型,使用多语言 BERT Base 的检查点初始化权重。在整个训练过程中,本节使用了 128 个批处理大小和 512 个令牌序列。在 TPUv3-8 实例上,该训练需要 4 天,并在训练数据上执行大约 8 次迭代。对于 BERT Large,用英语 BERT Large 的检查点初始化权值。由于它是一个更大的模型,训练时间更长,本节在前 90 万步中使用 128 个令牌的序列,批处理大小为 256,然后在最后 10 万步中使用 512 个令牌的序列,批处理大小为 128。在 TPUv3-8 实例上,该训练需要 7 天,并在训练数据上执行大约 6 次 epoch。用于训练和评估中文 NER 的流行数据集是"中国少数民族古籍总目提要"。表 3.2 包含了数据集一些统计信息。

表 3.2 识别示例(节选自"中国少数民族古籍总目提要"数据集)

数 据 集	文 档 数	符 号	实 体
中国少数民族古籍总目提要	45	96593	4635/5436

考虑到文本中的模糊性和不确定性,如句子中的歧义,研究人员对"中国少数民族古籍总目提要"数据集进行了注释。这样,一些文本段包含< ALT >标记,这些标记包含多个可选的命名实体标识解决方案。此外,可以将多个类别分配给单个命名实体。为了将 NER 建模为序列标记问题,须为每个未确定的段或实体选择一个单一的真理。要解析数据集中的每个< ALT >标记,本节的方法是选择包含最多命名实体的替代方案。在命名实体存在同样多的情况下,选择第一个。要解析每个分配了多个类的命名实体,只需为场景选择第一个有效的类。数据集预处理脚本在 GitHub4 上提供。

比较了模型在两种情况下(完全和选择性)的性能。所有指标都是使用 CoNLL 2003 评估脚本计算的,该脚本由实体级微 $F1$ 评分组成,只考虑精确匹配。本节讨论的 BERT-CRF 模型优于之前的模型(Bi-LSTM-CRF+FlairBBP),在选择性场景中将 $F1$ 评分提高了约 1 分,在总场景中将 $F1$ 评分提高了 4 分。有趣的是,Flair 嵌入在英语 NER 上优于 BERT 模型。与没有上下文嵌入的 LSTM-CRF 架构相比,本节的模型在总场景和选择场景的 $F1$ 评分上分别高出 8.3 分和 7.0 分。中文 BERT(PT-BERT-BASE 和 PT-BERT-LARGE)也优于以前的结果,即使没有强制执行 CRF 层提供的顺序分类。在比较总体 $F1$ 评分时,具有 CRF 的模型与其更简单的变体改进或执行相似。在大多数情况下,它们显示出更高的精确率、更低的召回率。

虽然中文 BERT large 模型在这两种情况下都是表现很好的,但当在基于特征的方法中使用时,它们的性能会下降,比它们的较小变体表现得更差,但仍然比多语言BERT好。此外,可以看出,与BERT base模型相比,BERT large模型并没有给选择场景带来太大的改善。假设这是由于NER数据集的规模较小。与微调方法相比,基于特征的方法的模型表现明显较差。研究发现,表现远高于英语语言的NER报告值。对于IOB2方案,滤除无效过渡的后处理步骤平均使基于特征的方法和微调方法的$F1$评分分别提高1.9分和1.2分。这一步骤使召回率降低了0.4%,但平均而言,精确率提高了3.5%。

例如在蒙古族卷文书中的一段:"鄂尔多斯右翼中旗札萨克贝勒索诺木喇布斋根敦札文1件。2页。清嘉庆四年(1799)索诺木喇布斋根敦撰。蒙古文。记登记鄂尔多斯后翼中旗(今鄂托克旗)所有寺庙造册事宜。鄂尔多斯右翼中旗札萨克贝勒索诺木喇布斋根敦致伊克昭盟鄂尔多斯右翼后旗(今杭锦旗)札萨克贝子喇什达尔济札文。文中记载申请鄂尔多斯右翼中旗直辖光缘寺及所有已命名的寺庙进行重新登记造册之事。对研究蒙古族佛教文化有史料价值。全宗名《清朝杭锦旗政府》。全宗号57,目录号1,卷号113,件号1,第7~8页。麻纸,毛笔楷体,墨书,页面24.1cm×12.2cm+6折。钤有鄂尔多斯右翼中旗大红印。残缺。今藏鄂尔多斯市档案馆(巴音登录韩长寿、朝伦巴特尔、巴音译)。"对于这段话可以提取出一些标签信息,如古籍名称、时间和收藏单位等。标签抽取结果如表3.3所示。

表3.3　BERT模型的标签抽取结果

开　　始	结　　束	文　　本	标　　签
1	23	鄂尔多斯右翼中旗札萨克贝勒索诺木喇布斋根敦札文	古籍名称
31	46	清嘉庆四年(1799)	时间
263	288	鄂尔多斯市档案馆	收藏单位

本节通过在大量未标记文本的语料库上预训练中文BERT模型,并对中文NER任务上的BERT-CRF模型进行微调,在"中国少数民族古籍总目提要"语料库上讨论分析了一种新的技术。尽管它是在更少的数据上进行预训练,但实验结果表明,BERT-CRF模型优于之前模型(Bi-LSTM-CRF+FlairBBP)的效果。

3.5　基于迁移学习的细粒度 BERT 的 NER

3.5.1　引言

在如今的数字化时代,对于古籍文本的处理和研究具有重要的学术和文化价值。然而,由于古籍文本的特殊性和复杂性,传统的文本识别方法往往难以达到理想的效果。近年来,基于深度学习的技术在NLP领域取得了巨大的进展,为古籍文本识别带来了新的希望。特别是基于 Transformer 架构的 BERT 模型的出现,在处理自然语言数据方面取得了突破性的成果。然而,面对古籍文本的特殊挑战,传统的 BERT 模型仍然存在一些局限性。为了解决这一问题,迁移学习成为古籍文本识别中的一种有效方法。迁移学习通过利用其他领域的知识和数据来提升目标领域任务的性能。在古籍文本识别中,迁移学习的思想被成功地应用于提高模型的识别准确度和泛化能力。通过预训练一个大规模的 BERT 模型,在其他相关领域的大量文本数据上学习丰富的语言知识,然后通过微调的方式,在古籍文本识别任务上进行训练,可以有效地利用跨领域的知识,提高模型对于古籍文本的识别能力。

3.5.2　问题引入

在中文 NER 方面,Yin 提出了一种基于部首级特征和自注意机制的 Bi-LSTM-CRF 来解决中文临床 NER 问题。He 针对中文社交媒体中的 NER 问题提出了一个统一的特征模型,该模型可以从外国语料库和该领域的未注释文本中学习。Yin 提出了一种考虑模糊实体边界的标注策略,结合领域专家知识,构建了基于微博数据的 MilitaryCorpus。在双向编码器词向量表达层和在 BERT 的指导下,利用该模型获得词级字符。在 Bi-LSTM 的指导下,该层提取上下文特征,形成特征矩阵,最后用 CRF 生成最优标签序列。

Shen 将深度学习与主动学习相结合,以减少标记的训练数据的数量。引入了一种轻量级的 NER 方法,即 CNN-CNN-LSTM 模型,以加快操作。该模型由一个 CNN 字符编码器、一个 CNN 单词编码器和一个 LSTM 标签解码器组成。LukaGligic 引导神经网络(NN)模型通过迁移学习对未注释的电子健康记录(EHR)上执行的次要任务进行词嵌入预训练,并将输出嵌入作为一系列 NN 架构的基础。Van CuongTran 组装了一种方法,使用主动学习(AL)和自我学习,通过使用机器标记和手动标记的数据来减少推文流中 NER 任务的工作负荷。CRF 也被选为高度可靠案例的算法。Kung 建立了一个基于普通话 NER 模块的迁移学习系统,在灾害管理中对损失信息进行收集和分析。针对文物区缺乏标签数据的情况,张晓明提出了一个模型——文物 NER 的半监督模型,这个模型利用没有标签数据训练的 Bi-LSTM 和 CRF 模型,获得了有效的识别性能。

特定领域 NER 的主要困难在于缺乏规范的标注语料,然而,深度网络模型的训练通常需要一个大的注释语料库来训练。因此,深度网络模型直接应用于某一特定领域的作用往往不大。本节通过结合主动学习和迁移学习,提出了一种考虑主动学习的模型迁移方法,对 NER 的研究基于"中国少数民族古籍总目提要"数据集,在古籍研究领域中应用 NER 技术是很有必要的,古籍文本往往具有复杂的语言形式和特定的文化背景,而其中蕴含的丰富实体信息对于深入理解历史、文化和社会等方面信息具有重要意义,应用 NER 技术可以有效地自动化实体识别的过程,通过识别和标注古籍文本中的命名实体,包括人名、地名、机构名、日期等,从而提供更高效、准确的文本分析和信息抽取。研究者可以更加方便地进行进一步的文本分析、信息检索和知识发现。通过预训练和微调 BERT 模型,利用现代文本数据的丰富语言表示,该方法能够提高古籍文本的 NER 准确度和稳健性,为古籍文献的数字化处理和研究提供了有力的工具和技术支持。

3.5.3 实验过程

在本节提出的模型的训练过程中,采用了主动学习和自我学习相结合的方法,并选择 CRF 层的条件概率作为 CRF 层预测的置信度(nx)。在迭代过程中,置信度高于阈值的样本直接作为训练样本加入;置信度低于阈值的样本则交给人工标注。这将解决领域语料库数据的问题,并提高模型的普适性。考虑激活学习方法的 ALBERT-AttBiLSTM-CRF 模型迁移如图 3.6 所示。

算法 考虑激活学习的模型迁移(L、U、M、Conf)

输入:

L:有标记的训练数据集;

U:未标记的训练数据集;

M:拟议模式;

Conf:置信水平。

输出:训练好的模型 M'。

1:// 模型转移

2:使用训练集 L 进行训练,得到模型 M

3:使用模型 M 预测未标记的数据集 U

4:计算模型 CRF 层的条件概率的得分$(Y|X)$作为置信水平 Conf

5:// 主动学习

6:对每个样本的每个置信度执行操作

7:选择所有 $Conf \geqslant Conf_{high}$ 的样本 U_{high},将其加入 $L(L=L+U_{high})$,并从 $U(U=U-U_{high})$ 中删除 U_{high}

8:选择所有 $Conf < Conf_{low}$ 的样本 U_{low},对其进行手动重新注释,将其加入 $L(L=L+U_{low})$,并从 $U(U=U-U_{low})$ 中删除 U_{low}

9:按照上述步骤迭代 n 次,直到模型 M' 收敛

10:**结束**

11:**返回**训练过的模型 M'

图 3.6 考虑激活学习方法的 ALBERT-AttBiLSTM-CRF 模型迁移

本节采用基于轻量级多网络协作和主动学习的新型中文细粒度 NER 方法进行识别。首先,ALBERT 被用来提取文本数据的词向量,一个 AttBiLSTM 被用来从输入向量中捕捉特征,并获得文本的上下文信息。前一个网络输出的特征矩阵由 CRF 标记,以获得标记的序列。然后,提出了一种考虑主动学习的模型转移方法,通过在源

域上训练得到的模型转移到目标域,得到一个新的模型。在新模型的基础上,主动学习被用来标记未标记的数据,以不断增加数据量并提高模型的质量。

为了验证所提出的方法的有效性,本节设计了相关的比较实验,将其与主流的NER方法进行比较。此外,K-fold交叉验证法被用来将语料库数据集划分为10个相等的部分,每个部分都通过分层抽样得到。实验通过轮换9部分进行训练,剩余数据进行测试,评估的指标是召回率(R)、精确率(P)和$F1$评分,如式(3.3)～式(3.5)所示。最后,将10个实验的结果相加,再取平均值,可以作为模型优化的一个指标:

$$召回率 = \frac{TP}{(TP + FN)} \times 100\% \tag{3.3}$$

$$精确率 = \frac{TP}{(TP + FP)} \times 100\% \tag{3.4}$$

$$F1评分 = \frac{2 \times 精确率 \times 召回率}{精确率 + 召回率} \times 100\% \tag{3.5}$$

本书的“中国少数民族古籍总目提要”数据集包含45本已经标注好的估计文本书件,其中包括古代的书籍、文献和手稿,通常包含了各种领域的知识、历史事件、文学作品等,本书对其中古籍故事中人物、地点、作者、收藏地等十多个信息进行了标注,用于实体识别研究。这个数据集的特点在于它聚焦于中国的少数民族古籍文献,为研究者提供了深入了解和探索中国多元文化遗产的机会。通过对古籍的研究,人们可以更好地理解古代社会和思想,挖掘宝贵的文化遗产,以及推动学术研究和文化传承。

获得相应的文本数据后,本节对语料库进行注释。注释使用YEDDA(轻量级协作文本跨度注释工具)系统对8种类型的命名实体进行手工注释,语料库为中文。为了获得高质量的标签预测结果并添加相应的约束条件,本节使用BIO注释方法。本节将每个元素注释为“B-实体”、“I-实体”或“O”。“B-实体”表示该片段是X类型的,并且该项目位于粒子的开头。“I-实体”意味着该片段是X类型的,并且该元素位于片段的中间。“O”表示该片段不属于任何类型。

3.5.4　实验结果

ALBERT-AttBiLSTM-CRF与其他基准算法一起应用于“中国少数民族古籍总目提要”数据集,NER的结果如表3.4所示。可以看出,ALBERT-AttBiLSTM-CRF在P、R和$F1$评分方面优于CLUENER2020细粒度数据集发布者提供的RoBERTa的最佳结果。特别是它的$F1$评分高出5.4%。为了彻底验证不同ALBERT版本对实体识别效果的影响,本节使用了微小、基本、大和xlarge四个版本进行比较。表3.4显示了不同算法在“中国少数民族古籍总目提要”数据集上的得分情况。可以看出,整体效果并没有随着模型预训练语料库大小和参数的增加而越来越好。最好的结果出现在大版本中,其中精确率、召回率和$F1$评分分别为0.9253、0.8702和0.8962。这些结果比提议的基准的最佳结果分别高 13.27%、5.33% 和 9.2%。

表 3.4　基于"中国少数民族古籍总目提要"数据集上不同算法的比较

方　　法	精　确　率	召　回　率	**F1** 评分
Bi-LSTM-CRF	0.7106	0.6120	0.6936
ALBERT-Bi-LSTM-CRF	0.8876	0.8270	0.8555
ALBERT-CRF	0.8094	0.6897	0.7000
ALBERT-Bi-LSTM	0.7736	0.8132	0.7925
En2Bi-LSTM-CRF	0.9156	0.8337	0.8720
ALBERT	0.7992	0.6459	0.7107
BERT	0.7724	0.8046	0.7882
RoBERTa	0.7926	0.8169	0.8042
ALBERT-AttBiLSTM-CRF（our）	0.9253	0.8702	0.8962

从前面的实验结果可知，ALBERT-AttBilSTM-CRF（our）在"中国少数民族古籍总目提要"数据集上取得了最好的结果，所以在模型转移部分采用了 ALBERT-AttBiLSTM-CRF（our）模型。

本节使用了一个精简的预训练模型对文本数据进行阶段性的文本嵌入表示；使用 Bi-LSTM 对文本输入进行特征提取，这样可以有效地捕捉文本的上下文信息，提取的特征输入被随机分配到现场网络，以获得相应实体的文本数据。随后，本节通过结合主动学习和迁移学习，提出了一种考虑主动学习的模型迁移方法。该方法利用公共数据集对提出的 ALBERT-AttBiLSTM-CRF（our）模型进行预训练，并对领域数据进行标记以调整模型参数，对未标记的领域数据进行主动学习，用于优化名为实体识别的领域的结果。为了验证所提出 ALBERT-AttBiLSTM-CRF（our）方法的有效性，该方法与 BERT、RoBERTa 等主流方法在"中国少数民族古籍总目提要"数据集上进行了验证；与目前最佳基准 RoBERTa-wwm-large-ext 相比，结果的准确率提高了 9.2%。使用在"中国少数民族古籍总目提要"数据集上取得最佳结果的 ALBERT-AttBiLSTM-CRF（our）模型作为源模型，本节使用 MTAL 迁移到 Manufacturing-NER 数据集。迁移结果显示改进了 3.55%，证明了 ALBERT-AttBiLSTM-CRF 模型迁移考虑激活学习方法的有效性。

例如在蒙古族卷文书中的一段："阿拉善旗札萨克多罗贝勒罗卜藏多尔济咨文 1 件。1 页。清乾隆二十一年（1756）三月罗卜藏多尔济撰。蒙古文。阿拉善旗札萨克多罗贝勒罗卜藏多尔济致全旗台吉、塔布囊、喇嘛咨文。文中记载准许甘珠尔巴喇嘛在阿拉善旗境内募化之事。对研究蒙古族佛教文化有史料价值。全宗名《清代阿拉善旗档案》，全宗号 101，目录号 3，卷号 58，件号 23，第 68 页。纸，楷体，墨书，页面 31cm×28cm。保存完好。今藏阿拉善左旗档案馆。（乌如希拉特登录赛音朝格图译）"对于这段话的抽取结果如表 3.5 所示。

表 3.5 BERT 模型标签抽取结果

开 始	结 束	文 本	标 签
1	19	阿拉善旗札萨克多罗贝勒罗卜藏多尔济咨文	古籍名称
26	40	清乾隆二十一年(1756)三月	时间
194	201	阿拉善左旗档案馆	收藏单位

第4章

基于提示学习的NER

4.1　引言

NER 指识别出文本中具有特定意义的命名实体,并将其分类为预先定义的实体类型,如人名、地名、机构名、时间、货币等。在大数据时代,如何精准并高效地从海量无结构或半结构数据中获取到关键信息,是 NLP 任务的重要基础。命名实体通常包含丰富的语义,与数据中的关键信息有着密切的联系,NER 任务可以用于解决互联网文本数据的爆炸式信息过载问题,能有效获取到关键信息,并广泛应用于 RE、机器翻译以及知识图谱构建等领域。

NER 历经 MUC(Message Understanding Conference,消息理解系列会议)、MET (Multilingual Entity Task)、CoNLL(Conference on Computational Natural Language Learning,计算自然语言学习会议)、ACE(Automatic Content Extraction,自动内容抽取会议)等阶段,众多研究者不断深入研究,其理论和方法愈加完善。研究方法从最初需要人工设计规则,到后来借助传统机器学习中的模型方法,目前已经发展到利用各种深度学习。研究领域从一般领域到特定领域,研究语言从单一语言发展到多种语言,各种 NER 模型的性能随着发展也在不断提升。

4.2　问题引入

面向中文的 NER 起步较晚,而且中文与英文等其他语言相差较大,由于其自身的语言特性,中文领域的 NER 主要存在以下 3 个特殊性。

(1)中文词汇的边界不明确。中文词汇的边界模糊,缺少英文文本中空格这样明确的分隔符,也没有明显的词形变换特征,因此容易造成许多边界歧义,从而加大了NER 的难度。

(2)中文 NER 需要同中文分词和语法分析相结合。只有准确的中文分词和语法分析才能正确划分出命名实体，才能提升 NER 的性能，这也额外增加了中文 NER 的难度。

（3）中文存在多义性、句式复杂但表达灵活、多省略等特点。在不同领域中的同一词汇所表示的含义并不相同，且同一语义也可能存在多种表达。此外，随着互联网的迅速发展，尤其是网络文本中的文字描述更加个性化和随意化，这都使得实体的识别更加困难。

在早期基于规则的中文 NER 系统中，各个方面的信息以规则的形式引入。众所周知，规则系统的缺点是工程量大，移植困难，因此当前基于大规模语料的机器学习已成为主流方法。在中文 NER 中，常见的学习模型有 MEM、隐马尔可夫模型以及 CRF 模型。近年在词类标注、中文分词、浅层分析、NER 中广为应用。

深度学习方法在 NER 任务上表现优异，但深度学习方法依赖大量标注数据来训练模型，而在实际应用场景中，很多领域无法获得丰富的命名实体标注数据，而对于 NER 数据集的标注工作极其耗费人力，且需要标注人员具备较高的领域内的相关知识，因此小样本 NER 具备较高的实用价值。于是提出了基于提示学习的方法，通过引入提示模板，将下游任务转换成与模型预训练任务相同的形式，缩小了预训练任务和下游任务之间形式上的差距，从而在小样本场景下能更充分地挖掘出预训练模型的内部知识。然而，基于提示学习的方法起初是基于句子级别的任务提出的，因此现阶段该方法仅对于句子级别的自然语言理解任务方便且有效，对于 NER 这一类字符级别的自然语言理解任务，受到提示模板与样本结合形式的限制，现有的方法通过 N-gram 算法枚举句子中各个跨度下的候选实体，然后又逐一填入各个实体类别对应的提示模板中进行预测，导致时间复杂度较高。此外，目前基于提示学习的 NER 方法中，对于提示模板构建主要有采用手工进行构建，或者在大规模语料空间搜索完成模板构建，该类方法在小样场景下难以进行搜索优化，且样本对模板中提示符的变动较为敏感。除此之外，本章还将介绍融合注意力层的提示学习 NER 以及基于问答的提示学习 NER 方法。

4.3　基于模板的提示学习 NER

4.3.1　引言

古籍实体抽取常常面临小样本学习的挑战，针对小样本领域研究设计一种基于模板的提示学习方法，这种方法通过使用事先设计好的模板来指导模型生成与命名实体相关的问题或提示。神经网络在 NER 模型上的应用一般都需要大量地标记训练数据，这些数据可以用于某些领域，如新闻领域，但在缺少训练样本的古籍领域很少用。

当有一个领域的大量 NER 任务有标注样本,但是在目标领域内只有少量 NER 任务有标注样本时,一个提升 NER 效果的方法是利用迁移学习技术,在源领域有大量样本的数据上预训练,再在目标域上微调。然而,在 NER 问题中,不同场景中需要预测的实体类型是不同的,例如,"汉昭烈帝刘备"是刘备之子刘婵为其父追封的谥号,来纪念和宣扬其父省钱建立"蜀国光复汉室"的成就和功绩,突出刘备蜀国开立者的身份;而"刘皇叔"是因为刘备在血缘上属于汉高祖刘邦的十五世孙,比东汉献帝大一辈,在血脉关系上为刘协的远亲表叔,所以后世的一些演义和小说会称他为"刘皇叔"。"刘皇叔"是其在家族中的称谓,强调他与其他刘氏宗族成员的关系。这些不同的标签反映了不同史书或文献对刘备在不同角色和历史时期中的身份认同和称呼习惯。这导致无法直接进行迁移。为了解决这种小样本学习下的 NER 任务,学术界也提出了一些相应的方法。通过一个基于相似度的算法来直接利用源领域中的知识,但是这些方法都不会直接在目标领域优化 NER 模型。因此为了更好地利用目标领域的少数训练样本,这里提出一个基于模板的 NER 模型。将 NER 作为序列到序列框架中的语言模型排序问题,将由候选命名实体 span 填充的原始句子和语句模板分别视为源序列和目标序列。该模型将 NER 从序列标注任务转换为序列生成任务,例如通过生成"西安是一个位置实体"来判断西安是"位置"类别的命名实体。为了进行推理,模型需要根据相应的模板分数对每个候选跨度进行分类。由于生成序列时是基于整个预训练模型的词典的,使得在源领域上训练的模型可以在目标领域上继续微调,从而达到知识迁移的目的。

4.3.2　相关工作

在 NER 的工作中,神经网络在 NER 中具有较好的表现,解决 NER 问题最经典的深度学习模型结构是 Huang 提出的 LSTM-CRF 架构。单独的 LSTM 其实就可以完成序列标注任务,利用 LSTM 对输入句子进行编码,最后得到每个单词的各个分类结果的打分。但是,只用 LSTM 的问题是,没有办法学到输出标签之间的依赖关系。因此,一般会在 LSTM 后面加一个 CRF 层。CRF 指的是有一个隐变量序列和一个观测序列,每个观测值只和该时刻的隐变量以及上一时刻的观测值有关。CRF 的目标就是学习隐变量到观测值的发射概率,以及当前观测值和下一个观测值之间的迁移概率。LSTM-CRF 中,CRF 建模了 NER 标签之间的迁移关系,弥补了 LSTM 在这方面的不足。CRF 的核心作用就是建模标签之间的依赖关系。在 LSTM-CRF 模型结构的基础上可以使用其他方式进行改进,例如将文本的编码器 LSTM 替换为 BERT,或者将 CRF 替换成 Softmax。例如 Souza 提出了采用 BERT-CRF 的模型结构解决 NER 任务。对于 CRF 部分,Cui 提出了采用标签嵌入结合多层注意力机制学习各个位置标签之间的关系。相比 CRF 模型,这种方法可以建模更复杂的标签之间的关系。

近几年也有学者使用了标签注意网络和贝叶斯神经网络以及实体感知的预训练,并在NER上获得了最先进的结果。然而这些方法的参数是为指定的命名实体类型设计的,这就使得新的领域适应成本很高。为了最小化领域适应成本,这里使用的方法是基于距离的 NER。在此之前也有很多类似的工作。2019 年,Wiseman 和 Stratos 通过检索一个带有标记的句子列表,从最近的邻居中复制了令牌级别的标签。2020 年,Yang 和 Katiyar 通过使用维特比解码器捕获从源域估计的标签依赖关系,改进了 Wiseman 和 Stratos 提出的方法。Ziyadi 等提出了一种基于样例的 NER 解决方法,主要思路是利用一些有标注样本样例,识别出新数据中相关的实体。虽然不更新 NER 的网络参数,但这些方法依赖于源域和目标域之间类似的名称实体模式,过度依赖源域和目标域之间的相似文本模式。

使用模板来解决自然语言的理解任务,其基本思想是通过在语言建模任务中定义特定的句子模板来利用预先训练模型的信息。本方法与利用预先训练好的语言模型进行基于模板的 NLP 相一致。与之前的工作不同,不再将句子级任务视为掩蔽语言建模或使用语言模型为整个句子评分,而是使用语言模型为给定输入句子的每个跨度分配分数。

4.3.3 使用 BART 基于模板的 NER

之前的工作解决 NER 任务的一般做法是将 NER 任务视为序列标注任务,但是因为古籍的标注数据相对较少,这里将其视为一个填空提示任务。采用提示的思路解决小样本学习下的 NER 任务。

首先,人工定义一个正样本模板和一个负样本模板。对于一个句子,如果某个词组是实体,那么其对应的模板为"$\langle X_{i:j} \rangle$是一个$\langle y_k \rangle$",其中 $X_{i:j}$ 为输入文本,y_k 为实体名称。如果某个词组不是实体,那么其对应的模板为"$\langle X_{i:j} \rangle$不是一个实体"。例如对于一个输入文本"碑文编著者是格桑本"来说,需要构造出多组模板文本,对应每个词组是否为某个实体,如格桑本是一个作者实体。在训练阶段会根据标签构造出所有是实体的模板对应的样本和非实体的模板对应的样本。在训练过程中,会把原始的文本输入预训练好的 BART 编码器中,得到原文的编码表示。同时在解码器中,预测根据模板生成的多组文本,例如"碑文编著者是格桑本",在解码器阶段就需要以生成利用模板产出的文本,如"格桑本是一个作者实体"为目标。这样,解码器相当于学到了一种能力,根据原文输入,对一个模板构造的文本打分。如果"格桑本是一个作者实体"这句话的打分很高,说明这句话就是对的,那么就可以抽取出格桑本是一个作者对应的实体。模型处理流程如图 4.1 所示。

1. 任务构造

将序列标注任务转换成一个生成任务,在编码器端输入为原始文本 $X =$

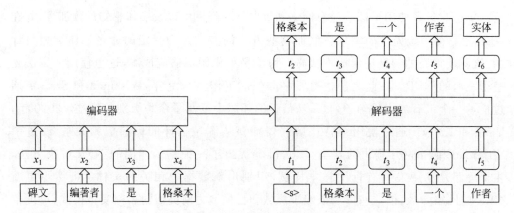

图 4.1　模型处理流程

$\{x_1, x_2, \cdots, x_n\}$，解码器端输入的是一个已填空的模板文本 $(T_{yk, xi:j}) = \{t_1, t_2, \cdots, t_n\}$，输出为已填空的模板文本。待填空的内容为候选实体片段以及实体类别。候选实体片段由原始文本进行 N-Gram 滑窗构建，为了防止候选实体片段过多，最大可进行 8-Gram。

2. 模板构建

在基于模板的提示学习方法中，模板被设计为一种结构化的文本形式，其中某些部分是固定的，而其他部分则是由具体实体信息填充的槽。模板为手工模板，主要包括正样本模板和负样本模板，其中，正样本模板表示一个文本片段是某种实体类型，负样本模板表示一个文本片段不是实体。模板中有两个待填充的槽，其中一个用于候选实体片段，另一个用于实体类型标签。在这种情况下，候选实体片段槽用于表示实体在文本中的位置或范围，而实体类型标签槽用于指示实体所属的类型或类别。

使用经过微调的预训练生成语言模型，对每个连续子序列的每个实体标签分别计算一个分数，计算公式为

$$f(T_{yk, xi:j}) = \sum_{c=1}^{m} \log p(t_c \mid t_{1:c-1}, X) \tag{4.1}$$

对于非实体也计算一个分数 $f(T_{yk, xi:j})$，最后选出分数最大的作为这个连续子序列的预测结果。

3. 训练阶段

在训练阶段，正样本由实体＋实体类型＋正样本模板构成，负样本由非实体片段＋负样本模板构成。由于负样本过多，因此对负样本进行随机负采样，使其与正样本的比例保持为 1.5∶1。

训练时使用已知的真实实体构建正样本模板,随机采样非实体的连续子序列构建负样本模板,负样本模板的数量是正样本模板数量的 1.5 倍,训练是最小化交叉熵损失。其学习目标可表示为

$$L = -\sum_{c=1}^{m} \log p(t_c \mid t_{1:c-1}, X) \tag{4.2}$$

给定一个序列对 (X, T),把 X 作为编码器的输入,然后得到句子的隐藏表示公式为

$$h^{\text{enc}} = \text{ENCODER}(x_{1:n}) \tag{4.3}$$

在解码器中,h^{enc} 和 $t_{1:c-1}$ 作为解码器的输入,产生一个使用注意力机制的表示公式为

$$h_c^{\text{dec}} = \text{DECODER}(h^{\text{enc}}, t_{1:c-1}) \tag{4.4}$$

t_c 的条件概率公式为

$$p(t_c \mid t_{1:c-1}, X) = \text{SOFTMAX}(h_c^{\text{dec}} W_{lm} + b_{lm}) \tag{4.5}$$

解码器输出和原始模板之间的交叉熵被用作损失函数,其公式为

$$L = -\sum_{c=1}^{m} \log p(t_c \mid t_{1:c-1}, X) \tag{4.6}$$

4. 预测阶段

在预测阶段,将进行 8-Gram 滑窗的所有候选实体片段与模板组合,然后使用训练好的模型进行预测,获取每个候选实体片段与模板组合的分数(可以理解为语义通顺度,但计算公式不同),分数的计算公式如下:

$$f(T_{y_k, x_{i:j}}) = \sum_{c=1}^{m} \log p(t_c \mid t_{1:c-1}, X) \tag{4.7}$$

其中,$x_{i:j}$ 表示实体片段;y_k 表示第 k 个实体类别;$(T_{y_k, x_{i:j}})$ 表示实体片段与模板的文本。针对每个实体片段,选择分数最高的模板,判断是否为一个实体,以及是哪种类型的实体。

4.3.4　实验结果

1. 少样本 NER

本实验是基于"中国少数民族古籍总目提要"数据集进行的,另外在模板的选取上,经过多次实验测试,发现不同的模板对实验结果有很大的影响,最终选取最佳模板 < candidate_span >是一个< entity_type >实体来进行实验。将地点和语言作为资源丰富的实体类别,作者和收藏者作为资源稀缺的实体类别。然后对训练集进行下采样,

得到了 8810 个训练实例,其中包括 6325 个"地点"、2325 个"语言"、80 个"作者"和 80 个"收藏者"。少样本 NER 的模型 $F1$ 评分如表 4.1 所示。

表 4.1 少样本 NER 的模型 $F1$ 评分

模　　　型	不同实体类别的 $F1$ 评分			
	地　　点	语　　言	作　　者	收　藏　者
BERT	75.36	76.29	59.63	61.43
Template-BART	84.17	73.25	72.42	74.31

从表 4.1 中可以看到这个方法在"作者"和"收藏者"上的 $F1$ 评分分别比 BERT 高出 12.79 和 12.88。这表明此方法在领域内少样本 NER 方面具有强的建模能力。

实验个例的原文如下:"绥宁县志(清康熙版)5 卷,1 册,129 页。清代杨九鼎、周文濂等撰。苗族聚居地方志。最早的一部绥宁县县志。比较全面系统地记载清康熙年间绥宁县的社会状况。对研究苗族历史有重要的史料价值。清康熙刻本。线装,宋体。页面 25cm×17cm,版框 20cm×13cm,四周单栏,9 行 5～19 字。有口题、页码。今藏湖南省绥宁县档案馆。(湖南　李明栋)书籍类"。对于这段话可以提取出一些标签信息,如古籍名称、编著者和收藏单位。标签抽取结果如表 4.2 所示。

表 4.2 标签抽取结果

开　　始	结　　束	文　　本	标　　签
0	10	绥宁县志(清康熙版)	古籍名称
24	26	杨九鼎	编著者
141	149	湖南省绥宁县档案馆	收藏单位

2. 跨领域少样本 NER

在知识迁移方面,通过从一个大的新闻训练集 CoNLL03 中收集古籍领域的标注数据。这些数据包含"中国少数民族古籍总目提要"数据集的命名实体,并与 CoNLL03 数据集中的实体类型相对应。从大的训练集中随机抽取训练实例作为目标域的训练数据,其中每个实体类型随机抽取固定数量(10、50、100、500)的实例,然后使用不同数量的实例进行训练,跨领域少样本 NER 的模型 $F1$ 评分如表 4.3 所示。

表 4.3 跨领域少样本 NER 的模型 $F1$ 评分

模　　　型	不同随机抽取数量 $F1$ 评分			
	10	50	100	500
基于序列标注的 BERT	26.5	54.3	59.4	71.3
基于序列标注的 BART	10.1	43.5	46.2	59.8
基于模板的 BART	54.9	66.8	71.6	79.5

由表 4.3 可以看出,当训练实例较少时,基于模板的 BART 方法明显优于基于序列标注的 BERT 和 BART 方法,能够更好地在不同实体类别之间进行知识迁移。

4.4 融合注意力层的提示学习 NER

4.4.1 引言

NER 一直是 NLP 领域内的基础研究任务。在大多数情况下,NER 任务被形式化为一个序列分类任务,旨在为输入序列中的每个实体分配标签。这些实体标签都是基于预定义的类别,如地点、组织、人物等。目前处理 NER 的成熟方法之一是使用 PLM,并配备几种 NER 范式,在大型语料库上进行广泛的训练,例如特定标签分类器 (Label Categorizer,LC) 范式。需要注意的是,这些模型需要从头开始构建一个新模型,以适应具有新实体类别的目标领域,因此在目标标记数据有限的情况下,性能不够理想。

不幸的是,这个问题在现实应用场景中普遍存在,成为了一个具有挑战性的切实存在的研究问题:低资源 NER。在低资源 NER 中,需要构建模型,以便能够在完全未见过的目标领域中快速识别新实体,而在新领域中只有少数支持样本可用。总体而言,低资源 NER 主要面临以下两个问题。

(1) 类别转移。在资源丰富的领域和低资源的领域中,实体类别的设置可能不同。

(2) 领域转移。与资源充足的领域相比,低资源领域可能涉及不同的文本领域。直观地说,新闻领域和出行者信息系统领域的句子具有不同的语法风格和隐喻主题,将在源领域中完全训练的模型转移到只有少数示例的目标领域是一项具有挑战性的任务。

为了解决类别转移的问题,首先将 NER 任务从序列标注重新定义为生成框架,并使用统一可学习的词语生成器实现类别转移。考虑到不同的类别涉及不同数量的描述词语,仅为实体分配单一分类器的传统主流方法可能会丢失重要的标签语义信息。因此,提出了基于生成框架的统一可学习的词语生成器。

鉴于现有技术的局限性,研究者们对于构建一个轻量级调整框架以进行低资源 NER 并可插入提示的方法较为感兴趣。值得注意的是,LightNER 中的模块相互之间紧密耦合且不可或缺。正是因为设计了一个带有解耦空间的生成模型来解决类别转移问题,可插入的引导模块才能实现轻量级调整下的领域知识迁移。

简而言之,LightNER 具有以下贡献。

(1) 将序列标注转换为生成框架,并构建解耦空间,无须任何特定标签层来解决类别转移问题。因此,所提出的方法不需要从头开始构建新模型以适应具有新实体类别的目标领域。

(2)提出将可学习参数作为可插入引导模块,无缝地插入预训练的生成模型中,以实现跨领域和跨任务的轻量级调整和知识迁移能力。因此,LightNER 无须为每个目标领域的 NER 任务维护一个语言模型,并为昂贵的训练服务付费。

(3)在多个基准数据集上进行了广泛的实验,通过调整仅有少量的参数,LightNER 可以在标准监督设置中实现可比较的结果,并在低资源环境中取得更好的性能。结果还表明,LightNER 在跨领域零样本生成和可插入引导方面具有潜力。

4.4.2 低资源 NER 实验过程

1. 预备知识

1) 低资源 NER

在给定一个高资源的 NER 数据集 $H = \{(X_1^H, Y_1^H), (X_2^H, Y_2^H), \cdots, (X_R^H, Y_R^H)\}$ 的情况下,当输入是长度为 n 的文本序列时,$X^H = \{x_1^H, x_2^H, \cdots, x_n^H\}$,表示相应的标记序列,长度为 n,并采用 C^H 来表示高资源数据集的标签集合($\forall y_i^H, y_j^H \in C^H$)。传统的 NER 方法在标准监督学习方法下进行训练,通常需要很多成对的样例,即 R 很大。然而,由于注释成本较高,实际应用中每个实体类别只有很少的标记样本可用。这个问题导致了低资源 NER 的一个具有挑战性的任务,在低资源 NER 数据集给定的情况下,$L = \{(X_1^L, Y_1^L), (X_2^L, Y_2^L), \cdots, (X_r^L, Y_r^L)\}$,与高资源 NER 数据集相比,低资源 NER 数据集中标记数据的数量非常有限(即 $r \ll R$)。对于低资源和跨领域的问题,目标实体类别 C^L($\forall l_i^L, l_i^L \in C^L$)可能与 C^H 不同,这对于模型的优化是极具挑战性的。

2) 针对 NER 的标签分类器

传统的序列标注方法通常在输入序列上分配一个标签特定的分类器,使用 BIO 标记识别命名实体。标签分类器使用参数 $\theta = \{W_C, b_C\}$,后面跟着一个 Softmax 层,将表示 h 投影到标签空间。形式上,对于给定的 $x_{1:n}$,标签分类器的计算方法如下:

$$h_{1:n} = \text{ENCODER}(x_{1:n}) \tag{4.8}$$

$$q(y \mid x) = \text{SOFTMAX}(h_i W_C + b_C) \quad (i \in [1, 2, \cdots, n]) \tag{4.9}$$

其中,$W_C \in \mathbf{R}^{d \times m}, b_C \in \mathbf{R}^m$ 是可训练的参数,m 是实体类别的数量。

采用 BERT 和 BART 作为编码器,用于编码文本序列的表示,结合标签分类器层,分别表示为 LC-BERT 和 LC-BART。

2. 任务形式化

低资源 NER 通常涉及类别转移,即目标领域中存在新的实体类别。然而,传统的序列标注方法需要基于 PLM 的标签输出层,这会损害其泛化能力。因此,将 NER 重新定义为一种生成框架,以保持体系结构的一致性,并使模型能够处理不同的实体类型。对于给定的句子 X,将其分词为一个令牌序列 $X=\{x_1,x_2,\cdots,x_n\}$。NER 任务的目标是提供实体跨度的起始索引和结束索引,以及相应的实体类型,分别由 e 和 t 在生成的框架中表示。e 是令牌的索引,$t\in\{$"person","organization",$\cdots\}$ 是实体类型的集合。上标 start 和 end 表示序列中对应实体令牌的起始索引和结束索引。对于生成框架,目标序列 Y 包含多个基本预测 $p_i=\{e_i^{\text{start}},e_i^{\text{end}},t_i\}$,$Y=\{p_1,p_2,\cdots,p_l\}$,其中 l 表示 X 中的实体数量。将一个令牌序列 X 作为输入,并希望生成上述定义的目标序列 Y。输入和输出序列以特殊令牌"$<$s$>$"和"$</$s$>$"开始和结束。它们也应该在 Y 中生成,但为简单起见,在方程中忽略了它们。给定令牌序列 X,条件概率的计算公式如下:

$$P(Y\mid X)=\prod_{t=1}^{3l}p(y_t\mid X,y_0,y_1,\cdots,y_{t-1}) \tag{4.10}$$

3. 生成框架

为了进行类别转移,采用带有指针网络的 seq2seq 架构来计算条件概率 $P(Y\mid X)$,其中输出序列的元素是对应于输入序列位置的离散标记,指针网络结构受 See 等人的启发。生成模块由以下两部分组成。

（1）编码器。

编码器将 X 编码为隐藏表示空间中的向量 $\boldsymbol{H}_{\text{en}}$:

$$\boldsymbol{H}_{\text{en}}=\text{Encoder}(X) \tag{4.11}$$

其中,$\boldsymbol{H}_{\text{en}}\in\mathbf{R}^{n\times d}$,$d$ 是隐藏状态的维度。

（2）解码器。

解码器部分将编码器的输出 $\boldsymbol{H}_{\text{en}}$ 和先前的解码器输出 $y_1,y_2,\cdots,y_{t-1}$ 作为输入来解码 y_t。其中 $y_i{}_{i=1}^{t-1}$ 表示令牌索引,通过应用索引到令牌的转换器进行转换。

$$\tilde{y}_i=\begin{cases} X_{y_i}, & \text{如果 } y_i \text{ 是指针索引} \\ C_{y_i-n}, & \text{如果 } y_i \text{ 是类别索引} \end{cases}$$

其中 $C=[c_1,c_2,\cdots,c_m]$ 是实体类别的集合（如 Person、Organization 等）,它们是与实体类别对应的答案词。在此之后,使用转换后的先前解码器输出 $[\tilde{y}_i{}_{i=1}^{t-1}]$ 获取 y_t 的最后隐藏状态:

$$h_t=\text{Decoder}(\boldsymbol{H}_{\text{en}};[\tilde{y}_i{}_{i=1}^{t-1}]) \tag{4.12}$$

其中,$h_t\in\mathbf{R}^d$;另外,令牌 y_t 的概率分布 p_t 可以进行如下计算:

$$\boldsymbol{E}_{\text{seq}} = \text{WordEmbed}(X) \tag{4.13}$$

$$\widetilde{\boldsymbol{H}}_{\text{en}} = \alpha \cdot \boldsymbol{H}_{\text{en}} + (1 - \alpha) \cdot \boldsymbol{E}_{\text{seq}} \tag{4.14}$$

$$p_{\text{seq}} = \widetilde{\boldsymbol{H}}_{\text{en}} \otimes h_t \tag{4.15}$$

$$p_t = \text{Softmax}([p_{\text{seq}}, p_{\text{tag}}]) \tag{4.16}$$

在式(4.13)~式(4.16)中,$\boldsymbol{E}_{\text{seq}}$、$\widetilde{\boldsymbol{H}}_{\text{en}} \in \mathbf{R}^{n \times d}$;$\alpha \in \mathbf{R}$ 是一个超参数;p_{seq} 和 p_{tag} 分别指代实体跨度和实体类别的预测逻辑输出;$p_t \in \mathbf{R}^{(n+m)}$ 是 y_t 在所有候选索引上的预测概率分布;$[\cdot ; \cdot]$表示在第一维度上的连接。

4. 统一可学习的表述器

在 NER 中,对实体类别的预测很难手动找到适当的词汇来区分不同的实体类型。此外,某些实体类型在特定目标领域中可能非常复杂。

为解决类别转移中的上述问题,构建一个统一可学习的表述器,其中包含与每个实体类别相关的多个标签词,并利用加权平均方法来利用解耦空间 $\boldsymbol{V}$。具体而言,定义了一个从实体类别 C 到统一可学习的表述器 $\boldsymbol{V}$ 的映射 M,即 $M:C \rightarrow \boldsymbol{V}$。使用 V_c 表示由特定实体类型 c 映射的 $\boldsymbol{V}$ 的子集,$\boldsymbol{V} = U_c \in CV_c$。以 $c =$ "仑侬壮语南部方言情歌"为例,根据 c 的分解设置 $V_c = \{$"仑侬壮语","南部","方言","情歌"$\}$。由于直接平均函数可能存在偏差,因此采用可学习的权重 β 来平均答案空间中标签词的预测输出作为预测值:

$$E_{\text{tag}} = \text{WordEmbed}(M(c)) \tag{4.17}$$

$$p_{\text{tag}} = \text{Concat}\left[\sum_{v \in V_c} \beta_v^{\,c} * E_{\text{tag}}^c \otimes h_t\right] \tag{4.18}$$

其中,β_v^c 表示实体类型 c 的权重;$\sum_{v \in V_c} \beta_v^c = 1$;$p_{\text{tag}} \in \mathbf{R}^m$。通过构建统一可学习的表述器,LightNER 可以在不修改 PLM 的情况下感知实体类别中的语义知识。

5. 可插拔引导模块

(1)参数化设置。

LightNER 引入了两组可训练的嵌入矩阵 $\{\boldsymbol{\phi}^1, \boldsymbol{\phi}^2, \cdots, \boldsymbol{\phi}^N\}$ 用于编码器和解码器,将 Transformer 层的数量设为 N,其中 $\boldsymbol{\phi}_\theta \in \mathbf{R}^{2 \times |P| \times d}$(由 θ 参数化),$|P|$ 表示提示的长度,d 表示 $\dim(h_t)$,2 表示 ϕ 用于键和值。在这种方法中,语言模型的参数是固定的,可训练的参数有 θ(提示参数)和 β。

(2)可插拔引导层。

LightNER 采用 Transformer 的架构,包含相同的构建块,包括前馈网络、残差连接和层归一化。可插拔引导层作为一个特定的组件被引入原始的查询/键/值层中,以实现灵活且有效的知识传递。给定输入的标记序列 $X = \{x_1, x_2, \cdots, x_n\}$，在自注意力计算过程中将引导模块的表示并入 x。在每个层 l 中，首先将输入序列表示 $X^l \in \mathbf{R}^{n \times d}$ 投影到查询/键/值向量：

$$Q^l = X^l W^Q \tag{4.19}$$

$$K^l = X^l W^K \tag{4.20}$$

$$V^l = X^l W^V \tag{4.21}$$

在式(4.19)～式(4.21)中，$W^Q, W^K, W^V \in \mathbf{R}^{d \times d}$。

然后，注意力操作被重新定义为

$$\text{Attention}^l = \text{Softmax}\left(\frac{Q^l \left[\boldsymbol{\phi}_k^l; K^l\right]^\mathrm{T}}{\sqrt{d}}\right)\left[\boldsymbol{\phi}_v^l; V^l\right] \tag{4.22}$$

通过聚合这些输入和可插拔引导模块的表示，计算注意力分数以引导最终的自注意力流动。因此，引导模块可以修改注意力的分布，影响整体的注意力机制。

4.4.3 实验结果

在标准和低资源设置下进行了大量实验。使用"中国少数民族古籍总目提要"数据集，随机划分其数据集的一半作为丰富领域资源，另一半作为低资源数据集。本次实验在精确匹配的场景下进行评估。

1. 标准监督 NER 设置

采用"中国少数民族古籍总目提要"数据集，在标准监督设置下进行实验。传统模型方法和低资源模型方法的结果比较如表 4.4 和表 4.5 所示。主要的基线模型是 LC-BERT 和 LC-BART。在此研究中，即使 LightNER 是为低资源 NER 设计的，但它在高资源设置下也与最佳报告分数具有很高的竞争力，这表明解码策略和引导模块的有效性。

表 4.4 传统模型方法的结果比较

传 统 模 型	精 确 率	召 回 率	F1 评分
Yang et al. (2018)	—	—	90.77
Ma and Hovy (2016)	—	—	91.21
Yamada et al. (2020)	—	—	94.30
Gui et al. (2020)	—	—	92.02
Li et al. (2020)	92.47	93.27	92.87
Yu et al. (2020)	92.85	92.15	92.50
LC-BERT	91.93	91.54	91.73
LC-BART	89.60	91.63	90.60

表 4.5 低资源模型方法的结果比较

低资源模型	精 确 率	召 回 率	*F*1 评分
Wiseman and Stratos	—	—	89.94
Template	90.51	93.34	91.90
LightNER	92.39	93.48	92.93

2. 跨领域低资源 NER 设置

本节讨论目标实体类别和文本风格与源领域具有明显不同的业务场景,并且在仅有有限标注数据可用于训练情况下,模型性能的评估。具体而言,按照设置随机从每个实体类别抽取特定数量的样本作为目标领域训练数据以模拟跨领域低资源数据场景。表 4.6 列出了在"中国少数民族古籍总目提要"数据集作为通用领域上训练模型,并在其他目标领域上进行评估的结果。LightNER 的结果是在随机样本上运行实验 5次,并计算它们得分的平均值。

表 4.6 各个模型得分的平均值

来 源	方 法	"中国少数民族古籍总目提要"不同数据样本下得分的平均值					
		10	20	50	100	200	500
None	LC-BERT	25.2	42.6	49.7	50.3	59.4	74.2
	LC-BART	10.5	27.2	44.5	47.2	54.1	64.2
	Template	37.5	48.2	52.3	56.0	62.9	74.3
	BERT-MRC	18.3	48.5	55.5	62.2	80.1	82.7
	LightNER	41.8	57.1	73.0	78.6	80.8	84.7
CoNLL03	Neigh. Tug	0.9	1.4	1.7	2.5	3.1	4.8
	Example	29.3	29.4	30.4	30.2	30.1	29.7
	MP-NSP	36.4	36.8	38.0	38.2	35.4	38.3
	LC-BERT	28.3	45.2	50.0	52.4	60.7	76.8
	LC-BART	13.6	30.4	47.8	49.1	55.8	66.9
	Template	42.4	54.2	59.6	65.3	69.6	80.3
	BERT-MRC	20.2	50.2	56.3	62.9	81.5	82.3
	LightNER	62.9	75.6	78.8	82.2	84.5	85.7

3. 进行比较

如上所述,LightNER 在低资源设置下具有出色的知识迁移能力,证明了可插拔的引导模块对跨领域性能的改进起到了贡献。为了验证其有效性,进行了可插拔模块和统一可学习的词表表示器的去除实验。可插拔模块表示在没有可插拔模块的情况下,将整个参数(100%)进行调整。统一可学习的词表表示器表示模型仅随机分配词汇表中的一个标记来表示类型。从表 4.7 中可以看出,在纯粹的少样本设置中,只有可插拔模块的性能略好于 LightNER,但在跨领域少样本设置中性能显著下降。然而,统一可学习的词表表示器在这两个设置中性能都下降。这进一步证明了可插拔模块的设计在参数效率和知识迁移方面的益处,而统一可学习的词表表示器可以处理类别转移,这对于低资源 NER 也是至关重要的。

表 4.7 基于"中国少数民族古籍总目提要"数据集的各个模型的得分率

来源	方　　法	"中国少数民族古籍总目提要"不同数据样本下的得分率		
		10	20	50
None	BART	48.0	58.0	62.5
	- pluggable module	50.5	59.3	63.4
	- unified learnable verbalizer	45.8	55.5	59.5
	Full-params Tuning	49.8	59.5	62.0
	LC-BERT	21.4	39.7	52.8
	LC-BERT+［P-tuning］	24.2	41.5	53.9
	LC-BERT+［Adapter］	11.3	14.5	21.3
	Full-params Tuning+［Adapter］	43.3	52.5	58.3
CoNLL03	BART	58.4	67.5	69.1
	- pluggable module	54.2	64.8	67.5
	- unified learnable verbalizer	48.8	58.5	62.7
	Full-params Tuning	53.5	63.9	66.7
	LC-BERT	27.9	40.2	56.2
	LC-BERT+［P-tuning］	30.8	46.2	58.3
	LC-BERT+［Adapter］	13.2	16.8	21.0
	Full-params Tuning+［Adapter］	46.2	58.5	62.8

4. 实验实例

例如在蒙古族卷文书中的一段:"论哉考壮语南部方言情歌,流传于云南省文山壮族苗族自治州文山市壮族聚居区。'论哉考'意为'对歌演唱形式',用三弦、四弦胡琴等民族乐器伴奏。唱述男女相会的喜悦之情和对爱情的追求和向往。歌中唱道:'今天到这里,茨菰叶子青,阿姐嘴儿甜,一说一长串,最能暖人心。好比嫩茨菰,吃了最暖心。伙伴夸错了,叶子虽然嫩,说来一串串,难以暖人心。并蒂花开时,应在前两年,雀叫难长久,人世难相留,群山鸣孤鸟,此地度一生。'对研究壮族传统婚恋习俗有参考价值。王美琼、陈美莲演唱,高学林、高学亮伴奏,梁宇明记录,陈美莲、田有清翻译。32 开,6 页,28 行。收入《文山壮族苗族自治州民族民间音乐集》,云南省文山壮族苗族自治州文联 1987 年编印。(云南 王明富)。"对于这段话可以提取出一些标签信息,如古籍名称、时间和收藏单位等。标签抽取结果如表 4.8 所示。

表 4.8　LightNER 模型的标签抽取结果

开　　始	结　　束	文　　本	标　　签
3	9	壮语北部方言	语言类型
9	11	情歌	古籍类型
15	26	云南省文山壮族苗族自治州文山市壮族聚集区	地域

传统的微调方法在数据稀缺的情况下表现不佳。本次提出的简单而有效的方法使得在这些低资源情景下能够获得更好的性能,图 4.2 示出了其优势。

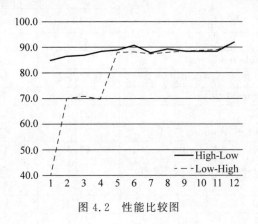

图 4.2　性能比较图

(1) few-shot 设置是现实的(每个类别的标记实例数 K 可以是任何变量)。

(2) 不需要提示工程。

(3) 可扩展到任何 PLM(如 BERT 或 GPT-2)。

4.5　基于问答的提示学习 NER

4.5.1　引言

近年来,PLM 的提示学习通过利用提示作为任务指导,成功地实现了 NER,从而提高了 NER 的标签效率。然而,以前基于提示的小样本 NER 方法有一些局限性,如较高的计算复杂度,较差的零样本能力,需要手动提示工程,或缺乏提示的稳健性。在这项工作中提出了一种新的基于提示的学习 NER 方法(QA),称为 QaNER 来解决这些缺点。这种方法包括:

(1) 将 NER 问题转换为 QA 公式的改进策略。

(2) QA 模型的 NER 提示生成。

(3) 对一些带注释的 NER 示例进行 QA 模型的基于提示的调优。

(4) 通过提示 QA 模型实现零射击 NER。与以往的方法相比,QaNER 在推理方面速度更快,对提示质量不敏感,对超参数具有稳健性,并表现出更好的低资源性能和零射击能力。

NER 的目的是用它们相应的类型来标记文本中的实体。NER 问题通常被表述为序列标记问题(也称为序列标记或标记分类)。通过监督学习,文本序列中的每个实体都可以被分配给一个预定义的实体标签。训练一个有监督的 NER 系统需要许多有标记的训练数据。然而,标记大量的标记语料库需要深入的领域知识,因此创建这样的一个库。此外,为不同的真实应用场景使用丰富的注释构建 NER 系统是劳动密集型的工作。对于企业用例,可能有数百个新的域,更不用说不同的语言了。这些原因激发了一个实际的和具有挑战性的研究问题:缺乏 NER。

与此同时,基于提示的调优学习是 NLP 领域的一个新范式。基于提示的方法重新制定了对 LM 的输入,以弥补训练前和下游任务之间的差距。之前的工作将 NER 的任务制定为机器阅读理解任务。然而,之前的研究者们并没有研究提示的设计,也没有进行很小样本或零样本设置的实验。在工作中,此方法证明了 QA 模型可以利用从问答数据中学到的知识来提高低资源 NER 的性能。此方法在小样本和零样本的场景中获得了更好的结果,因为基于提示的学习可以提高标签效率。

对于以前的基于提示的 NER 方法,有 4 个限制。第一,推理时间与序列的长度呈正比。因此,现有的方法具有较高的计算复杂度。第二,以前的基于提示的方法需要人工提示工程来设计一个模板,这是一个劳动密集型的过程。第三,基于提示的 NER 往往缺乏快速的稳健性。该方法对不同的提示性设计很敏感,并依赖于使用相当大规模的开发集进行调优,这在资源不足的情况下可能不可用。第四,之前的方法使用一个高资源的 NER 数据集来传输知识,以进行小样本学习。由于数据集使用不同的标签集,性能会受到损害,因此这些方法的灵活可转移性较差。

为了解决这些挑战,这里建议为 NER 提供现成的 QA 模型,如图 4.3 所示。这个方法比以前的方法有明显的性能提升。首先,为 NER(QaNER)引入一个快速引导的问题回答框架。当使用完整的数据集进行训练时,QaNER 在低资源设置和竞争结果中获得了最先进的性能。改进很大程度上来自于 QA 模型的适当知识迁移。其次,利用 QaNER 改进了该方法对快速设计和开发集大小的稳健性。这种稳健性可以归因于将 NER 问题表述为 QA 的显著自然性。最后,QaNER 提高了计算复杂度,并实现了更好的知识可迁移性,因为 QA 模型问题是非常自然的,因为与其他提示 LM 相比,提示 QA 模型不匹配提示较少。QA 问题公式允许通过一个推理来识别每种类型的所有实体跨度。

4.5.2 相关工作

在之前的研究中,一种常用的方法是假设一个高资源的 NER 数据集,其中有大量的训练实例。该模型首先在具有高资源的源数据集上进行训练,然后转移到目标具

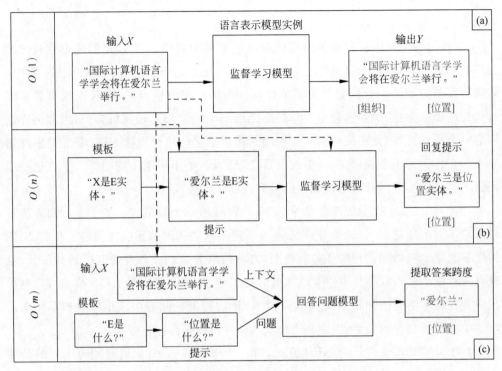

图 4.3　NER 的不同学习方式（见彩插）

(a) 序列标记；(b) 使用 LM 的基于提示的学习；(c) 使用 QA 模型的基于提示的学习

有低资源的 NER 数据集。这两个数据集可能有不同的域，即高资源数据集和低资源目标数据集之间的实体类型不同。

在低资源的 NER 研究中，一个经常被忽视的问题是假设开发一个大的开发集，有几种不同的方法可解释这个问题。

（1）高资源开发集。来自高资源数据集的开发集用于调优超参数和选择模板（"提示"）。这种方法假设该任务有一个很大的开发集，但是在一个不同的领域上。

（2）小型开发集。2021 年，高天宇等随机抽样一个与训练集相同大小的少镜头开发集，保持设置"少镜头"，同时仍然能够调整超参数和选择模板。

（3）没有开发设置。2021 年，Timo 和 Hinrich 等选择不使用任何开发数据，并采用固定的超参数，当卸载的例子不可用时，就会对模型进行评估。

传统上，NER 任务被认为是一个序列标记问题。基于提示的学习是一种训练机器学习模型的方法，特别是 NLP 领域的大型预训练模型，如 OpenAI 的 GPT 系列。在这种方法中，模型接收一个问题或提示作为输入，并生成一个与之相关的输出。基于提示的学习是一种强大的机器学习方法，尤其适用于 NLP 任务。然而，它也涉及许多复杂概念和技术挑战，如预训练和微调、提示工程、多模态学习、生成和判别模型以及可解释性和可信度。未来的研究将继续探索如何解决这些挑战，以便更好地利用基于提示的学习来解决现实世界的问题。

4.5.3 方法

1. 提取 QA

提取 QA 的选择是很自然的,因为它非常符合识别实体跨度的 NER 目标。在萃取 QA 中,给定一个问题 Q 和一个可能包含答案的文本 C 的上下文,模型需要提取相应的答案 A 作为 C 的子字符串。因此,QA 数据集中的每个实例都是(C、Q、A)的一个元组。QA 本质上是一个开始和结束标记分类器,其中一个预测标记答案的开始,另一个标记结束。利用提取 QA 模型,将 NER 视为一个基于跨度的提取问题。每个实体类型的预测是基于每个令牌的开始/结束分数,这本质上与 NER 目标相同,以定位标记从输入开始的实体跨度的开始和结束索引,以及实体类型。在这项工作中,采用 BERT Large 模型作为基于提示的方案。

2. 提取 QA 模型

提取 QA 模型是很直观的。因此,在模板设计中不需要多少努力。使用简单的问题是数据集中实体类型的集合。给定一个固定的模板,本模型用一个实体类型填充[E]槽来创建一个称为提示 x 的新文本字符串。因此,为 m 个实体类型生成 m 个提示。对实体类型中的非字母字符应用了一些规范化。

3. 使用预训练的 LM 进行提示生成

此研究探索通过使用 MLM(屏蔽语言模型)在生成提示时添加几种变体。根据经验,发现使用“5 个 W”(谁、什么、什么时候、在哪里、为什么)的问题词的提示效果最好,因为它们与 QA 问题的表述相匹配。考虑到对于每种实体类型都需要生成一个相应的提示句子,因此自动提示生成对具有大量实体类型的数据集很有帮助。

4. 将 NER 转换为 QA

对于每个 NER 实例,生成 m 个提示,并将这些提示与相应的回答范围相匹配。在这项工作中,可以将具有可回答问题的训练实例作为积极的例子。对于无法回答的问题,需要将特殊令牌“[CLS]”标记作为答案,遵循 SQuAD2.0 数据格式。这些不可能的例子称为消极的例子。消极的例子可以帮助模型正确地识别积极的例子,类似于对比学习中的想法。用消极的例子进行训练在很大程度上影响问题回答性能,但在基于提示的调优方案中是至关重要的。

在 NER 实例中,对于任何实体类型 e,e 可能显示不止一次,并且出现在输入 x 中的不同位置,在一个句子中可能很容易有多个人名实体类型。理论上,最多可以有

n 个单独的实体标签,而实体数量 m 是固定的(其中 m 也是方法的提示数量)。为了解释这种情况,需要允许在 NER 到 QA 的转换过程中重复示例。为了在一次过程中有效地检索相同实体类型(但在不同的输入位置)的所有标记,首先对 QA 模型进行微调,以识别不同位置的实体类型。然后在 QA 解码过程中,检索到 n 个最佳的候选结果(通过计算每个令牌的开始/结束分数)。这允许在一个提示推理中识别与目标实体类型对应的所有标记。如果两个提取的跨度重叠,则选择得分较高的跨度,以避免可能存在的预测矛盾。

4.5.4　实验结果

本次实验采用"中国少数民族古籍总目提要"数据集进行实验,将数据集按 7∶3 的比例分成训练集与测试集,用 QA 算法实现 NER。

评价指标精确率、召回率、$F1$ 评分、消耗时间在 NER 和 QANER 中的性能如表 4.9 所示。

表 4.9　两种模型的评价指标

算　　法	评价指标			
	精　确　率	召　回　率	$F1$ 评分	消耗时间/s
NER	0.912	0.867	0.889	4.3
QANER	0.935	0.882	0.908	1.9

由表 4.9 可知 QANER 的精确率、召回率、$F1$ 评分、消耗时间均优于 NER 的测试结果。

QANER 是一种基于问答任务的 NER 方法。它把传统的 NER 问题转换为一个问答任务,通过训练问答模型来识别文本中的命名实体。在这种方法中,模型接收一个包含实体类别的问题作为输入,并要求找到文本中与实体类别对应的答案。这种方法与传统的 NER 方法有一些关键差异。

(1) 任务定义:传统 NER 任务通常被定义为一个序列标注问题,即为文本中的每个单词或标记分配一个实体类别标签。而 QANER 把 NER 问题转换为一个问答任务,要求模型根据问题找到与实体类别对应的答案。

(2) 模型类型:NER 通常使用特定的序列标注模型,如 CRF、双向 LSTM(Bi-LSTM)或者与 CRF 结合的 Bi-LSTM-CRF。而 QANER 则使用问答模型,如 BERT、GPT 系列等。

(3) 训练数据:NER 模型通常使用标记了实体类别的数据进行训练,例如 CoNLL-2003、OntoNotes 5.0 等数据集。而 QANER 需要将这些标签数据转换为问答形式,即将实体类别转换成问题,并将实体位置转换为答案。

（4）输入输出：NER 模型的输入是一个包含文本的序列，输出是一个与输入序列长度相同的标签序列。而 QANER 模型的输入是一个包含文本和问题的序列，输出是一个答案（实体）。

（5）性能评估：NER 和 QANER 的性能评估方法略有不同。NER 通常使用准确率、召回率和 $F1$ 评分来评估模型性能。而 QANER 可以使用问答任务中的评估指标，如答案的准确率和 $F1$ 评分。

总体来说，QANER 和 NER 是两种不同的方法，用于解决识别文本中的命名实体的问题。QANER 是一种基于问答任务的方法，它把 NER 问题转换为一个问答任务，通过训练问答模型来识别实体。这与传统的 NER 方法有很大不同，它们在任务定义、模型类型、训练数据、输入输出和性能评估等方面存在差异。不过，两者的目标都是识别和分类文本中的命名实体。

实验实例输入的文本为："白刺泡水族地区水语双歌。流传于贵州省黔南布依族苗族自治州三都水族自治县九阡一带。采用说白引出事由，用对唱的形式，唱述白刺与姑娘的精彩对话。姑娘唱道：'春天你开着簇簇花儿，结了紫红泡儿比蜜甜。我口渴吃了一颗，就像喝了甘美的山泉。你要愿意跟我结朋友，彼此的心紧紧相连。我甜蜜的白刺泡哈喂！'对研究水族曲艺与传统道德观念有参考价值。潘印讲唱，1989 年潘朝丰、任虽笔录。32 开纸 2 页，51 行。收入《中国歌谣集成·贵州省黔南自治州三都县卷》，三都水族自治县十大文艺集成志书办公室 1990 年编印。（贵州 罗 燕 谭晓燕）"。对于这段话可以提取出一些标签信息，如古籍名称、大小和出版单位等。标签抽取结果如表 4.10 所示。

表 4.10　BERT 模型标签抽取结果

开　始	结　束	文　本	标　签
0	3	白刺泡	古籍名称
183	193	32 开纸 2 页，51 行	大小
218	236	三都水族自治县十大文艺集成志书办公室	出版单位

第5章

基于远程监督的RE

5.1 引言

在信息爆炸的时代,海量的文本数据不断涌现,其中蕴含着人类知识的宝藏。然而,要从这些数据中提取出有用的知识却是一项艰巨而烦琐的任务。RE 作为 NLP 领域的重要任务之一,旨在从文本中自动识别和提取实体之间的语义关系,为知识图谱构建、问答系统和文本理解等任务提供技术支持。

传统的 RE 方法主要依赖于人工标注的训练数据,即人工为文本中的实体对手动标注相应的关系。然而,这种方法存在着高昂的标注成本和标注数据的稀缺性问题,限制了其在大规模应用中的可行性和效果。为了解决这一问题,研究者们提出了远程监督信息抽取的方法,该方法利用知识库中的实体关系作为监督信号,从未标注的文本数据中提取实体关系。远程监督信息抽取为信息抽取任务的研究和应用提供了一种更高效、更经济的解决方案。

5.2 问题引入

基于远程监督的 RE 方法具有许多优势。首先,它可以充分利用现有的知识图谱或数据库中的丰富事实,无须进行大规模的人工标注,从而大大降低了标注成本和时间。其次,远程监督方法可以快速适应不同的领域和语境,因为它建立在现有的知识之上,不受特定领域训练数据的限制。此外,远程监督方法还能够处理大规模的文本数据,从中挖掘出更多的关系实例,提高 RE 的覆盖范围和准确性。

然而,尽管远程监督信息抽取方法具有一定的优势,但仍然存在一些挑战和问题值得研究和探索。首先,知识库中的实体关系可能存在噪声和不准确性,这会影响到远程监督信号的质量,从而对信息抽取的性能产生负面影响。其次,远程监督信息抽取方法在处理未标注文本时,往往会面临实体消歧、指代消解和模糊性等语义问题,如何有效地解决这些问题也是一个亟待解决的难题。此外,由于知识库的有限性,远程监督信息抽取方法在处理新领域或少样本情况下的效果可能不尽如人意。因此,如何提高远程监督信息抽取方法的稳健性和适应性,以适应不同领域和数据条件下的信息抽取需求,是当前研究的热点之一。针对这些问题,本章将深入研究远程监督信息抽取方法,并提出一些创新性的解决方案,期待在信息抽取领域得到更好的性能和效果。

5.3 基于对抗学习的远程监督 RE

5.3.1 引言

RE 旨在通过对文本中包含的实体之间的语义关系进行分类,从纯文本中提取关系事实。已经投入了许多工作来进行 RE 研究,早期的工作基于手工特征,或者基于神经网络的最近工作。这些模型都遵循监督学习的方法,这种方法是有效的,但在实践中高质量标注数据的需求是一个主要瓶颈。

手动标注大规模的训练数据需要耗费时间和人力。因此,Mintz 等提出了远程监督方法,通过对齐知识图谱和文本来自动生成训练句子。远程监督假设如果知识图谱中存在两个实体之间的关系,则包含这两个实体的所有句子都会被标注为具有该关系。远程监督是一种自动获取训练数据的有效方法,但它不可避免地会遇到错误标注的问题。

为了解决错误标注问题,Riedel 等提出了 MIL(多实例学习)。Lin 等进一步提出了一种神经注意力机制,用于降低噪声实例的权重。这些方法在 RE 中取得了显著的改进,但仍然远远不够令人满意。原因是大多数去噪方法只是以非监督的方式计算每个句子的软权重,这只能在信息丰富和噪声实例之间做出粗略的区分。此外,这些方法无法很好地处理那些具有不足句子的实体对。

为了更好地区分有用信息和噪声实例,受到对抗学习思想的启发,应用对抗训练机制来增强 RE 的性能。对抗训练的思想已经在 RE 中得到探索,通过对句子嵌入进行扰动生成对抗性例子,但这些例子不一定对应于现实世界的句子。相反,通过从现有的训练数据中进行采样生成对抗性例子,这样可能更能准确地定位现实世界中的噪声。

基于对抗学习的方法包含两个模块:鉴别器和采样器。该方法将远程监督数据分成两部分,有自信的部分和不自信的部分。鉴别器用于判断哪些句子更有可能被正确标注,将自信的数据作为正例,不自信的数据作为负例。采样器模块用于从不自信的数据中选择最具困惑性的句子,以尽可能地欺骗鉴别器。此外,在几个训练轮次中,还会动态地从不自信的集合中选择最具有用信息和自信度的实例加入自信集合,以丰富鉴别器的训练实例。

鉴别器和采样器进行对抗训练。在训练过程中,采样器的行为将教导鉴别器专注于改进那些最具困惑性的实例。由于噪声实例无法降低采样器和鉴别器的损失函数,因此噪声会在对抗训练过程中逐渐被过滤掉。最终,采样器可以有效区分不自信数据中的有用信息丰富实例,鉴别器可以很好地对文本中的实体之间的关系进行分类。与前述的 MIL 去噪方法相比,本方法在更细的粒度上实现了更有效的噪声检测。

在"中国少数民族古籍总目提要"数据集上进行实验。实验结果表明,本方法的对抗去噪方法有效地降低了噪声,并显著优于其他基准方法。

5.3.2 相关工作

1. RE

RE 是 NLP 中的重要任务,旨在从文本语料库中提取关系事实。在 RE 的研究领域,已经提出了一些抽取方法,取得了一定的研究成果,特别是在监督式 RE 中。Mintz 等将纯文本与知识图谱对齐,假设所有提及两个实体的句子都能描述它们在知识图谱中的关系,提出了一种远程监督的 RE 模型。

然而,远程监督不可避免地伴随着错误标注的问题,针对这一问题,Riedel 等和 Hoffmann 等应用 MIL 机制进行 RE,考虑每个实例的可靠性,并将包含相同实体对的多个句子组合在一起以减轻噪声问题的影响。

近年来,神经模型在 RE 中得到了广泛应用。这些神经网络模型能够在不需要显式语言分析的情况下准确地捕捉文本中实体间的关系。基于这些神经架构和 MIL 机制,Lin 等提出了句子级别的注意力机制来减少错误标注对 RE 结果的影响。总体来说,这些 MIL 模型通常对有用信息丰富和噪声实例进行软权重调整。有些研究进一步采用外部信息来提高去噪性能,如 Liu 等通过手动设置标签置信度来去除实体对级别的噪声。

随着 RE 研究的不断深入,人们陆续提出了更复杂的 RE 机制,如强化学习等,被用来从噪声数据中选择正例句子。然而,这些复杂的机制通常需要很长的时间进行微调,并且在实践中的收敛性也存在一定需要改进的地方,针对这些问题,提出了一种新颖的基于对抗网络的细粒度去噪方法,通过对抗训练来进行 RE。该方法简单而有效,适用于多种神经网络架构,并能扩展到大规模数据。

2. 对抗训练

Szegedy 等提出通过向原始数据添加噪声形式的微小扰动来生成对抗性例子,这些扰动噪声对人类来说通常无法区分,但会导致模型做出错误的预测。Goodfellow 等分析了对抗性例子,并提出了用于图像分类任务的对抗训练。随后,Goodfellow 等提出了一个成熟的对抗训练框架,并使用该框架训练生成模型。

对抗训练在 NLP 中也得到了探索。Miyato 等提出了通过向词嵌入添加扰动进行文本分类的对抗训练。扰动添加的思想进一步应用于其他 NLP 任务,包括语言模型和 RE。与通过向实例嵌入添加扰动生成伪对抗性的例子不同,对抗训练通过从真实世界的噪声数据中采样对抗性例子进行对抗训练。基于对抗学习的方法中的对抗性例子可以更好地对应 RE 的实际情境。因此,本方法更有利于解决远程监督中的错误标注问题,在实验中将会展示这一点。

5.3.3 方法

本节介绍了用于去噪 RE 的实例对抗训练模型。该模型将整个训练数据分为两部分,即自信实例集合 I_c 和不自信实例集合 I_u。采用句子编码器来嵌入表示句子语义。对抗训练框架由采样器和鉴别器组成,分别对应噪声过滤器和关系分类器。

1. 框架

实例对抗训练模型的整体框架包括鉴别器 D 和采样器 S,其中 S 从不自信集合 I_u 中采样对抗性例子,而鉴别器 D 通过学习判断给定实例是来自 I_c 还是 I_u。

假设每个实例 $s \in I_c$ 都暴露出其标记关系 r_s 的隐含语义。相反,不自信实例 $s \in I_u$ 在对抗训练过程中不能被信任地正确标记。因此,将 D 实现为一个函数 $D(s, r_s)$,用于判断给定实例 s 是否暴露出其标记关系 r_s 的隐含语义:如果是,那么该实例来自 I_c;如果不是,则该实例来自 I_u。

训练过程是一个最小最大博弈,可以形式化如下:

$$\phi = \min_{p_u} \max_D (E_{s \sim p_c}[\log(D(s, r_s))] + E_{s \sim p_u}[\log(1 - D(s, r_s))]) \quad (5.1)$$

其中,p_c 是自信数据的分布;采样器 S 根据概率分布 p_u 从不自信数据中采样对抗性例子。经过充分的训练,S 倾向于从 I_u 中采样那些信息丰富的实例,而不是噪声实例,而 D 成为对噪声数据具有良好稳健性的关系分类器。

2. 采样器

采样器模块旨在从不自信集合 I_u 中选择最具困惑性的句子,通过优化概率分布 p_u 尽可能地欺骗鉴别器。因此,需要计算不自信集合 I_u 中每个实例的困惑分数。

给定一个实例 s,可以使用神经网络句子编码器将其语义信息表示为嵌入向量 $\boldsymbol{y}$。在这里,可以根据句子嵌入向量 $\boldsymbol{y}$ 计算困惑分数如下:

$$\boldsymbol{C}(s) = \boldsymbol{W} \cdot \boldsymbol{y} \quad (5.2)$$

其中,W 是一个分隔超平面。

进一步定义 $P_u(s)$ 为在 I_u 上的困惑概率:

$$P_u(s) = \frac{\exp(\boldsymbol{C}(s))}{\sum\limits_{s \in I_u} \exp(\boldsymbol{C}(s))} \tag{5.3}$$

如式(5.3)所示,在不自信实例集合中,将那些具有高 $D(s,r_s)$ 分数的实例视为困惑实例,它们会欺骗鉴别器 D 做出错误的决策。一个优化的采样器会给这些最具困惑性的实例分配较大的困惑分数。因此,将优化采样器模块的损失函数形式化如下:

$$L_S = -\sum_{s \in I_u} P_u(s)\log(D(s,r_s)) \tag{5.4}$$

在优化采样器时,将组件 $P_u(s)$ 视为更新的参数。

需要注意的是,当一个实例被标记为 $r_s = \text{NA}$ 时,表示该实例的关系不可用,可能是不确定或没有关系。由于这些实例总是被错误地预测为其他关系,为了让鉴别器抑制这种趋势,特别将 $D(s, \text{NA})$ 定义为该实例在所有可行关系上的平均分数:

$$D(s, \text{NA}) = \frac{1}{|R| - 1} \sum_{r \in R, r \neq \text{NA}} D(s, r) \tag{5.5}$$

其中,R 表示关系的集合。

3. 鉴别器

鉴别器负责判断给定实例 s 的标记关系 r_s 是否正确。鉴别器基于实例的嵌入向量 $\boldsymbol{y}$ 与其标记关系 r_s 之间的语义相关性来实现。相关性使用 Sigmoid 函数计算,如下所示:

$$D(s, r_s) = \sigma(r_s \cdot \boldsymbol{y}) \tag{5.6}$$

其中,优化后的鉴别器将对 I_c (自信实例)中的实例分配高分,对 I_u (不自信实例)中的实例分配低分。优化鉴别器的损失函数如下所示:

$$L_D = -\sum_{s \in I_c} \frac{1}{|I_c|} \log(D(s, r_s)) - \sum_{s \in I_u} P_u(s)\log(1 - D(s, r_s)) \tag{5.7}$$

其中,优化鉴别器将组件 $D(s, r_s)$ 视为更新的参数。

在实践中,由于计算量过大,数据集通常无法频繁遍历。为了训练效率的便利性,可以简单地以近似概率分布对子集进行采样,提出了一种新的优化损失函数:

$$\widetilde{L}_D = -\sum_{s \in \hat{I}_c} \frac{1}{|\hat{I}_c|} \log(D(s, r_s)) - \sum_{s \in \widetilde{I}_u} Q_u(s)\log(1 - D(s, r_s)) \tag{5.8}$$

其中,$\hat{I}_c$ 和 $\widetilde{I}_u$ 分别是从 I_c 和 I_u 中进行采样的子集,而 $Q_u(s)$ 是对方程中 $P_u(s)$ 的近似,其定义如下所示:

$$Q_u(s) = \frac{\exp(\boldsymbol{C}(s)^\alpha)}{\sum\limits_{s \in \widetilde{I}_u} \exp(\boldsymbol{C}(s)^\alpha)} \tag{5.9}$$

其中,α 是一个控制困惑概率分布锐度的超参数。为了一致性,进一步将方程中的 L_S 近似为

$$\widetilde{L}_S = -\sum_{s \in \widetilde{I}_u} Q_u(s)\log(D(s,r_s)) \tag{5.10}$$

其中,式(5.8)中的 $\widetilde{L}_D$ 和式(5.10)中的 $\widetilde{L}_S$ 用于优化对抗性训练模型。

4. 实例编码器

给定包含两个实体的实例 s,采用多种神经网络结构将句子编码为连续的低维嵌入向量 y,这些向量能够捕捉两个实体之间标记关系的隐含语义。

(1)输入层。

输入层的目标是将离散的语言符号(即单词)映射为连续的输入嵌入向量。对于包含 n 个单词 $\{w_1,w_2,\cdots,w_n\}$ 的实例 s,使用 Skip-Gram 将所有单词嵌入 k_w 维空间 $\{w_1,w_2,\cdots,w_n\}$ 中。对于每个单词 w_i,还将其与两个实体的相对距离嵌入为两个 k_p 维向量,然后将它们连接为一个统一的位置嵌入 p_i。最终,得到编码层的 k_i 维输入嵌入向量如下:

$$s = \{x_1,x_2,\cdots,x_n\} = \{[w_1 : p_1],[w_2 : p_2],\cdots,[w_n : p_n]\} \tag{5.11}$$

(2)编码层。

在编码层,选择了 4 种典型的体系结构,包括 CNN、分段卷积神经网络(Piecewose Convolutional Neural Network,PCNN)、RNN 和双向循环神经网络(Bidirectional Recurrent Neural Network,BiRNN),将实例的输入嵌入进一步编码为句子嵌入。

CNN 将大小为 m 的卷积核滑动到输入序列 $\{x_1,x_2,\cdots,x_n\}$ 上,得到 k_h 维的隐藏嵌入向量:

$$\boldsymbol{h}_i = \mathrm{CNN}(x_{i-\frac{m-1}{2}},x_{i-\frac{m-2}{2}},\cdots,x_{i+\frac{m-1}{2}}) \tag{5.12}$$

然后,对式(5.12)中这些隐藏嵌入向量进行最大池化,输出最终的实例嵌入向量 y,如下所示:

$$[\boldsymbol{y}]_j = \max\{[h_1]_j,[h_2]_j,\cdots,[h_n]_j\} \tag{5.13}$$

PCNN 是对 CNN 的扩展,也采用大小为 m 的卷积核获取隐藏嵌入向量。随后,PCNN 将式(5.13)中隐藏嵌入向量划分为 3 个段落,分别为 $\{h_1,h_2,\cdots,h_{e_1}\}$,$\{h_{e_1+1},h_{e_1+2},\cdots,h_{e_2}\}$ 和 $\{h_{e_2+1},h_{e_2+2},\cdots,h_n\}$,其中 e_1 和 e_2 是实体位置。PCNN 对每个段落应用分段最大池化:

$$[\boldsymbol{y}_1]_j = \max\{h_1,h_2,\cdots,h_{e_1}\} \tag{5.14}$$

$$[\boldsymbol{y}_2]_j = \max\{h_{e_1+1},h_{e_2+2},\cdots,h_{e_2}\} \tag{5.15}$$

$$[y_3]_j = \max\{h_{e_2+1}, h_{e_2+2}, \cdots, h_n\} \qquad (5.16)$$

通过式(5.14)、式(5.15)、式(5.16)中连接所有池化结果,PCNN 最终输出一个 $3 \cdot k_h$ 维的实例嵌入向量 $\boldsymbol{y}$,如下所示:

$$\boldsymbol{y} = [y_1; y_2; y_3] \qquad (5.17)$$

如式(5.17)所示,RNN 是用于建模顺序数据的,它使其隐藏状态随时间步骤的变化与输入嵌入向量相对应:

$$\boldsymbol{h}_i = \mathrm{RNN}(x_i, \boldsymbol{h}_{i-1}) \qquad (5.18)$$

其中,RNN($\cdot$)是循环单元,$\boldsymbol{h}_i \in \mathbf{R}^{k_h}$ 是时间步骤 i 的隐藏嵌入向量。本节中,选择 GRU 作为循环单元。将最后一个时间步骤的隐藏嵌入向量作为实例嵌入向量,即 $\boldsymbol{y} = \boldsymbol{h}_n$。

Bi-RNN 旨在融合句子序列的两侧信息。Bi-RNN 分为前向和后向方向,如下所示:

$$\overrightarrow{\boldsymbol{h}}_i = \mathrm{RNN}_f(x_i, \overrightarrow{\boldsymbol{h}}_{i-1}) \qquad (5.19)$$

$$\overleftarrow{\boldsymbol{h}}_i = \mathrm{RNN}_b(x_i, \overleftarrow{\boldsymbol{h}}_{i+1}) \qquad (5.20)$$

式(5.19)、式(5.20)中 $\overrightarrow{\boldsymbol{h}}_i$ 和 $\overleftarrow{\boldsymbol{h}}_i$ 分别是前向和后向 RNN 在位置 i 的隐藏状态。将前向和后向 RNN 的隐藏状态连接起来作为实例嵌入向量 $\boldsymbol{y}$:

$$\boldsymbol{y} = [\overrightarrow{\boldsymbol{h}}_n; \overleftarrow{\boldsymbol{h}}_1] \qquad (5.21)$$

5. 初始化和实现细节

下面将介绍对抗训练模型的初始化和实现细节。将优化函数定义为

$$L = \widetilde{L}_D + \lambda \widetilde{L}_S \qquad (5.22)$$

其中,λ 是一个调和因子。在实践中,对抗训练中的两个模块都使用随机梯度下降(Stochastic Gradient Descent,SGD)进行交替优化。

由于本模型框架比典型的生成对抗网络(Generative Adversarial Network,GAN)简单得多,不需要校准损失函数之间的交替比例,因此可以简单地使用 1:1 的比例。这使得本模型能够有效地学习大规模数据。此外,还可以将 λ 整合到采样器 $\widetilde{L}_S$ 的学习率中,以避免调整超参数 λ。

对抗训练开始时,在整个训练数据上预训练一个关系分类器。关系分类器将整个数据分为一个小的有自信实例集合和一个大的无自信实例集合。在对抗训练过程中,每隔一段训练周期,从无自信实例集合中选择一些由采样器推荐且被鉴别器识别出来的实例,以丰富有自信实例集合。

5.3.4　实验设置

在本节中,通过实验来展示本实例对抗训练方法的有效性。首先介绍数据集和参数设置。然后,将本方法与传统的神经网络方法和基于特征的方法进行性能比较,用于 RE。为了进一步验证本方法能够更好地区分那些有信息量的实例和噪声实例,还对那些只有少数句子的实体对进行评估。

1. 参数设置

在本模型中,从 $\{0.5, 0.1, 0.05, 0.01\}$ 中选择学习率 α_d 和 α_s,分别用于训练鉴别器和采样器。对于其他参数,参照 Zeng(2014)、Lin(2016)和 Wu(2011)提出的方法,简单地使用其中使用的设置,以便与基准模型的结果进行公平比较。表 5.1 显示了实验中使用的所有参数。在训练过程中,每 10 个训练周期就在无自信集中选择信息量最大、自信度最高的实例来丰富自信集。

表 5.1　参数设置

参　数　名	参　数　值
鉴别器学习率(α_d)	0.1
采样器学习率(α_s)	0.01
CNN 隐藏层维度(k_h)	230
RNN 隐藏层维度(k_h)	150
CNN 定位尺寸(k_p)	5
RNN 定位尺寸(k_p)	3
词语尺寸(k_w)	50
卷积核大小(m)	3
随机失活率(p)	0.5

2. 整体评估结果

遵循 Mintz 等的方法进行保留集评估。通过将测试集中的实体对与不同关系组合,构建候选三元组,并根据它们对应的句子表示对这些三元组进行排序。将知识图谱(Knowledge Graph,KG)中的三元组视为正确的,其他三元组视为不正确的,根据它们的精确率-召回率的结果评估不同模型的性能,如表 5.2 所示。

表 5.2　不同召回率的各种模型的精确率　　　　　　单位：%

方　法		不同召回率下的精确率			精确率的平均值
		召回率=0.1	召回率=0.2	召回率=0.3	
CNN+	ATT	67.4	52.5	45.8	55.8
	AN	75.3	66.3	54.3	65.3

续表

方　　法		不同召回率下的精确率			精确率的平均值
		召回率=0.1	召回率=0.2	召回率=0.3	
RNN+	ATT	63.4	55.9	48.4	55.0
	AN	75.2	64.3	55.5	65.8
PCNN+	ATT	69.5	60.4	51.6	60.6
	ADV	71.6	58.7	51.9	60.1
	AN	80.3	70.3	60.2	70.3
BiRNN+	ATT	66.2	58.8	52.6	64.4
	ADV	72.2	64.8	55.6	65.3
	AN	79.8	67.1	54.3	66.1

其中给出了各种神经网络架构(包括 CNN、RNN、PCNN 和 BiRNN)与各种去噪方法的结果:+ATT 是基于实例的选择性注意方法;+ADV 是通过向实例嵌入添加小的对抗扰动来进行去噪的方法;+AN 是基于对抗学习的远程监督的 RE 提出的对抗训练方法。还将基于对抗学习的方法与 Mintz、MultiR 和实例多标签(Multi-Instance Multi-Label,MIML)这些基于特征的模型进行比较。基线模型的结果均来自于相关论文或开源代码中报告的数据。从中可以观察到以下几点。

(1) 神经网络模型在整个召回率范围内明显优于所有基于特征的模型。当召回率逐渐增长时,基于特征的模型的性能迅速下降。然而,所有神经模型仍然保持稳定且具有竞争力的精确率。这表明,在噪声环境中,人工设计的特征无法很好地工作,NLP 工具带来的不可避免的错误将进一步影响性能。相比之下,神经网络模型自动学习的实例嵌入可以有效地从噪声数据中捕捉到隐含的关系语义,用于 RE。

(2) 对于 CNN(CNN 和 PCNN)和 RNN(RNN 和 BiRNN),采用对抗训练的模型优于采用句级注意力的模型。句级注意力通过计算每个句子的软权重来减少噪声,仅对有信息的实例和噪声实例进行粗粒度的区分。相比之下,采用对抗训练方法训练的神经模型会生成或采样含有噪声的对抗性示例,并迫使关系分类器克服它们。因此,采用对抗训练的模型可以在更细粒度上提供有效的去噪效果。总体而言,采用本对抗训练方法的模型在采用对抗训练的模型中取得了最好的结果。这表明,与通过添加扰动生成伪对抗性示例相比,通过从真实实例中采样对抗性示例的方法可以更好地区分有信息的实例和噪声实例。

(3) 为了更好地比较各种去噪方法,此处将评估结果进行了展示。由于此处更关注排名靠前的结果的性能,在这里展示了当召回率为 0.1、0.2、0.3 时的精确率分数以及它们的平均值。可以发现,复杂的神经模型(PCNN、BiRNN)在使用相同的去噪方法时表现得比简单的神经网络(CNN、RNN)更好。采用对抗训练的方法显著改善了 CNN 和 RNN 的性能,而本方法(AN)的表现始终比对抗训练的基线方法(ADV)好得多。改变去噪方法带来的改进比改变神经模型带来的改进更为显著。这表明错误标注问题是阻碍远程监督 RE 模型有效工作的关键因素。

3. 对抗训练的效果

为了进一步验证本对抗训练方法的有效性,在一个更具挑战性的场景中评估了本方法和传统的 MIL 去噪方法在实体对只有少量句子时的 RE 性能。

对于每个实体对,随机选择一个句子、两个句子和所有句子来构建 3 个实验设置。在保留集评估中报告了 P@100、P@200、P@300 和它们的平均值。由于 PCNN 在上述比较中是最好的神经模型,简单地使用 PCNN 来将本方法(AN)与最近的最先进的去噪方法(ATT)及其简单版本＋ONE 和＋AVG 进行比较。从结果中可以观察到以下几点。

(1) 本方法在与 ATT 方法及其简单版本的比较中取得了一致且显著的改进,尤其是当每个实体对只对应一个或两个句子时。原因在于,包括 ATT 在内的大多数MIL 去噪方法通常假设至少有一个提到给定实体对的实例可以表达它们的关系,并且总是为实体对选择至少一条有信息的句子。然而,这个假设并不总是成立,尤其是当实体对只对应少量句子时,很可能没有一个实例可以表达给定实体对的关系。相比之下,本对抗训练方法不受这个假设的限制。通过对实例进行个别处理,本方法在每个实体对的实例数量较少时仍然有效。

(2) 当考虑更多实例时,所有模型的结果都有所改善。PCNN＋ATT 和 PCNN＋AN 比那些简单方法实现了更大的改进。远程监督数据的增长为训练 RE 模型提供了更多信息,但也带来了可能影响性能的更多噪声。本方法在数据增长时仍然保持着对 ATT 方法的优越性。这表明本方法可以提供更稳健可靠的方案来去噪远程监督数据。

4. 案例研究

对于数据集文本中频繁出现的关系"流传于",此处使用采样器分别选取了正例和负例实例。对于每个句子,以粗体突出显示实体。从图 5.1 中可以发现:前面的正例明显对应于关系"流传于",而那些负例则未能反映这种关系。这些例子表明本采样器能够有效区分有信息和有噪声的实例。本次实验的抽取结构如图 5.1 所示。

本节提出了一种通过实例级对抗训练的去噪远程监督 RE 方法。通过将整个数据集分为自信集和不自信集,本方法对采样器和鉴别器进行对抗训练。采样器的目标是从不自信集中选择最具困惑性的实例,而鉴别器的目标是区分来自自信集或不自信集的实例。在实验中,将此方法应用于不同的 RE 神经网络架构。实验结果表明,本方法在更细粒度上有效降低了噪声,并显著优于现有的基线方法。本方法还对那些实

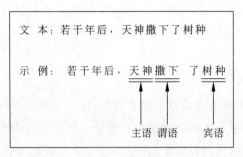

图 5.1　本次实验的抽取结构（见彩插）

例较少的长尾实体具有稳健性。

5.4　基于深度强化学习的远程监督 RE

5.4.1　引言

关系抽取是信息抽取和自然语言理解的核心任务。关系抽取的目标是预测句子中实体的关系。在下游应用中，关系抽取是构建知识图谱的关键模块，是结构化搜索、情感分析、问答和摘要等许多 NLP 应用的重要组成部分。

RE 算法早期开发遇到的一个主要问题是数据稀疏问题——人类注释者要通过数百万个句子的大型语料库来提供大量的标记训练是极其困难的。因此，远程监督关系抽取变得流行，因为它使用知识库中的实体对，并选择来自未标记的数据中的一组噪声实例。

近年来，人们提出了神经网络方法来在这些噪声条件下训练关系抽取器。为了抑制噪声，最近的研究提出使用注意力机制在一组噪声句子上放置软权重，并选择样本。然而，仅选择一个示例或仅使用软注意力权重并不是最佳策略，为了提高稳健性，需要一种系统的解决方案来利用更多实例，同时消除假正例（FP），并将它们放入正确的位置——负例集中。

在本节中研究了使用动态选择策略进行稳定监督的可能性。具体地说，设计了一个深度强化学习代理，其目标是学习根据关系分类器的性能变化选择是删除还是保留远程监督的候选实例。直观地说，代理希望删除 FP，并重建一组经过清理的远程监督实例，以根据分类准确性最大化重新分配。这个方法是与分类器无关的，它可以应用于任何现有的远程监督模型。根据经验，该方法在基于深度神经网络的模型中带来了一致的性能提升，在广泛使用的"纽约时报"数据集上取得了出色的性能。主要的贡献有以下 3 方面。

（1）这是一种基于深度强化学习的远程监督模型。

（2）该方法与分类器无关。

（3）该方法可以提高神经相关的提取器的性能。

5.4.2　相关工作

Mintz 是第一个将依赖路径和特征聚合相结合进行远程监督研究的学者。但是，此方法会引入大量 FP，因为同一实体对可能具有多个关系。为了缓解及解决这个问题，Surdeanu 进一步提出了一个多实例多标签学习框架来提高性能。请注意，这些早期方法并没有明确消除噪声实例，而是希望模型能够抑制噪声。

近年来，随着神经网络技术的进步，引入了深度学习方法，并希望在隐藏层中模拟噪声的远程监督过程。然而，该方法只为每个实体对选择一个最合理的实例，不可避免地错过了许多有价值的训练。最近，Lin 提出了一种注意力机制，从一组嘈杂的实例中选择合理的实例。然而，软注意力权重分配可能不是最佳解决方案，因为 FP 应该完全删除并放在 F 集中。Ji 通过结合外部知识来丰富实体对，从而提高注意力权重的准确性。尽管上述这些方法可以选择高质量的实例，但它们忽略了 FP 的情况：一个实体对的所有句子都属于 FP。在这项工作中，将采取一种激进的方法来解决这个问题——尽可能多地利用远距离标记的资源，同时学习一个独立的 FP 指标来消除FP，并将它们放在 P 集中。

5.4.3　实验过程

本节采用策略梯度的 RL（强化学习）方法来生成一系列关系指标，并通过将 FP 样本移动到 F 集，来到达重新分配训练数据集的目的。因此，本节实验旨在证明 RL 代理具有这种能力。

1. 数据和评估指标

在常用数据集上对该方法进行评估。该数据集首次在 Riedel 中提出。此数据集是通过将 Freebase 中的实体对与"纽约时报"语料库校准而生成的。"纽约时报"语料库的实体中提及其被以斯坦福大学命名的实体识别认可。2005—2006 年的句子用作训练语料库，2007 年的句子用作测试语料库。有 52 个实际关系和一个特殊关系NA，它表明头部和尾部实体之间没有关系。NA 的句子来自存在于实际关系的同一句子中但不出现在 Freebase 中的实体对。

与之前的工作类似，采用保留评估来评估该模型可以提供对分类能力的近似测量，而无须花费昂贵的人工评估。与训练集的生成类似，测试集中的实体对也是从 Freebase 中选择的，这将用从"纽约时报"语料库中发现的句子进行预测。

2. 策略梯度

RL 代理的操作空间仅包含两个操作。因此,可以将代理建模为二元分类器。此研究采用单一窗口 CNN 作为网络。详细的超参数设置如表 5.3 所示。

表 5.3　超参数设置

超　参　数	值
窗口大小	3
卷积核大小	100
批量大小	64
调节器	100

至于词嵌入,直接使用 Lin 发布的词嵌入文件,它只保留了"纽约时报"语料库中出现次数超过 100 次的单词。此外,对位置嵌入具有相同的维度设置,最大相对距离设置为 ± 30("$-$"和"$+$"代表整体的左侧和右侧)。强化学习的学习率为 $2e-5$。对于每种关系类型,固定的数值 γ_t、γ_v 是根据预先训练的代理。当一种关系类型有太多远距离监督的正例句时(例如,/location/location/contains 有 75 768 个句子),对大小为 7500 个句子的子集进行采样来训练代理。对于删除句子的平均向量,在预训练过程和再训练过程的第一个状态中,将其设置为全零向量。

3. 关系分类器

关系分类器中使用了一个简单的 CNN 模型,因为简单的模型对于训练集的质量都很敏感。正例训练集中 P_t^{ori} 和 P_v^{ori} 的比例是 2∶1,它们都是从 Riedel 数据集的训练集中直接提取的。对应的 N_t^{ori} 和 N_v^{ori} 是从 Riedel 负例数据集中随机选取的,其大小是相对应的正例集的两倍。

4. FP 样本的影响

Zeng 和 Lin 研究了解决远程监督关系抽取错误标记问题的稳健模型。Zeng 将至少一个多实例学习与深度神经网络相结合,仅提取一个主动句来预测实体对之间的关系;Lin 将一个实体对的所有句子组合起来,并为其分配软注意力权重,以这种方式生成该实体对的综合关系表示。然而,FP 现象还包括一个实体对的所有句子都是 F 的情况,这是因为语料库与知识库不完全对齐。通过手动检查,这种现象在 Riedel 数据集和 Freebase 之间也很常见。显然,对于这种情况,上述两种方法都无能为力。

本节所提出的强化学习方法就是为了解决这个问题。采用 RL 代理通过将假阳性样本移动到负样本集中来重新分配 Riedel 数据集,然后使用 Zeng 和 Lin 预测此数据集上的关系,并将性能与原始 Riedel 数据集上的性能进行比较。在 RL 代理的帮助下，相同的模型可以通过更合理的训练数据集实现明显的改进。为了给出更直观的比较，计算了每条 P-R 曲线的 AUC（曲线下面积）值，该值反映了这些曲线下的面积大小。这些可比较的结果也表明了基于策略的强化学习方法的有效性。而且，从 t 检验评估结果可以看出，所有 p 值均小于 $5e-2$，因此该改进的效果是显著的。

5．实验结果

本节讨论了具有远程监督的深度强化学习框架，其中每个实体仅使用一个实例，结合软注意力权重实现远程监督。与已有同类框架相比，其优点在于通过引入基于梯度学习策略的重定位 FP 样本，未标记样本得到了更合理的利用。其目标是教导强化代理优化选择/重新分配策略，以最大程度提升关系分类性能。基于深度强化学习远程监督的关系抽取的特点在于框架不依赖关系分类器的特定形式，换句话说，它是一种即插即用的技术，可以应用于多种关系抽取的任务中。

本次实验的抽取结构如图 5.2 所示。

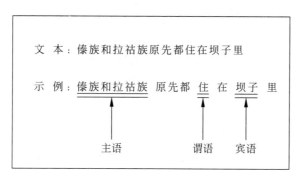

图 5.2 本次实验的抽取结构（见彩插）

5.5 基于句子级别注意力机制的远程监督 RE

5.5.1 引言

关系抽取是对给定句子中两个实体之间的关系进行分类的问题。远程监督是一种常用的开发关系抽取器的技术。此研究发现，在远程监督关系抽取设置中，大多数句子都很长，可能受益于词注意，以获得更好的句子表示。基于目前的发展，共在 3 方面提出了改进。首先，提出了两种新的词注意模型——基于双向门控循环单元的词注意（Bidirectional Gated Recurrent Unit Word Attention，BGWA）模型和以实体为中心的注意（Entity-centered Attention，EA）模型用于远程监督关系抽取，并且采用加权投票方法结合多个互补模型的组合模型，改进了关系抽取。其次，引入了一种新的用于关系抽取的远程监督数据集 GDS（谷歌远程监督）。GDS 消除了在所有以前远距离监督基准数据集中存在的测试数据噪声,使可信的自动评估成为可能。通过在多个真实数据集上的大量实验,证明了所述方法的有效性。

对句子中两个实体之间的语义关系进行分类,称为关系抽取。对非结构化文本的理解是各种自然语言理解任务的重要步骤,如知识库构建、问答等。监督方法在关系抽取任务上取得了成功。然而,获得监督学习所需的大量训练数据是昂贵的,因此在Web规模的关系抽取任务中存在限制。

为了克服这一挑战,Mintz等提出了一种远程监督的关系抽取方法,通过采用文本语料库和知识库的交集,帮助自动生成新的训练数据。远程监督假设指出,对于参与关系的一对实体,任何在文本语料库中提到该实体对的句子都是关系事实的积极例子。这个假设是从一个实体对之间的多个关系标签的多个句子中输出证据,因此,将远距离监督数据集中的关系抽取问题作为一个MIML(多实例多标签)问题。然而,DS(远程监督)假设太强,由于知识库中的事实缺失,可能会引入假阴性样本等噪声。于是,提出了一个关系抽取模型和一个新的数据集来改进关系抽取。将"实例"定义为包含一个实体对的句子,而"实例集"定义为包含相同实体对的一组句子。

由Zeng等观察到的Riedel远程监督数据集是一个流行的DS基准数据集,其中有40个或更多的单词。此研究发现,并不是所有出现在这些长句子中的单词都有助于表达给定的关系。在这项工作中制定了各种词注意力机制,以帮助关系抽取模型关注给定句子中正确的上下文。

MIML假设指出,在一个对应于一个实体对的实例集合中,该集合中至少有一个句子应该表达分配给该集合的真实关系。然而,此研究发现,这在目前可用的基准数据集中并不总是正确的。特别是当前的数据集在测试集中有噪声时,例如,如果一个事实在知识库中缺失,它可能被标记为假,导致训练和测试集中出现假阴性标签。测试集中的噪声阻碍了模型的正确比较,并可能有利于过拟合的模型。为解决这一挑战,建立了GDS数据集,这是一个新的用于远程监督关系抽取的数据集。GDS来源于谷歌关系抽取语料库。这个新的数据集解决了远程监督评估的一个重要缺点,并使其在此设置下的自动评估更加可靠。

5.5.2　相关工作

在MIML设置中提出了远距离监督数据集的关系抽取。在这一领域的后续工作中有很大一部分是为了放松原始DS模型所做的强烈假设。在过去的几年中,深度学习模型已经减少了算法对手动删除依赖签名的特性。Zeng等介绍了使用基于CNN的模型进行关系抽取的方法,提出了一种PCNN(分段卷积神经网络)模型,利用分段最大池化方法保留了句子的结构特征,显著改善了精确回忆曲线。然而,PCNN方法在实例集中只使用了一个句子来预测关系标签和反向传播。通过引入一种注意力机制,从实例集中选择一组句子进行关系标签预测,旨在利用排序模型中的句间信息进行关系抽取。所做的假设是,对于一个特定的实体对,每一个单独提到的信息可能不足以表达所讨论的关系,所以可能需要使用多次提到的信息来决定性地做出预测。

相关研究提出了通过增加背景知识来减少训练数据中噪声的方法。其中一篇文献提出了一个文本和知识库(Knowledge Base,KB)实体的联合嵌入模型,其中 KB 的已知部分作为监督信号的一部分。另一篇文献提出了使用间接监督,如关系标签之间的一致性、关系和参数之间的一致性,以及使用马尔可夫逻辑网络的邻居实例之间的一致性,降低噪声的影响。另外的文献针对在多任务设置中使用实例集间耦合抽取关系进行研究,从而提高性能。

注意模型通过反向传播来学习一个特征在监督任务中的重要性。神经网络中的注意力机制已经成功地应用于各种问题,如机器翻译、图像字幕和远距离监督关系抽取。

5.5.3 方法

1. 背景

Zeng 等提出了 PCNN 模型,这是一个成功的远距离监督关系抽取模型。关系抽取任务的成功与否取决于是否能从包含实体对的句子中提取出正确的结构特征。神经网络,如 CNN,已经被提出,以缓解为给定任务手动设计特征的需要。由于 CNN 的输出依赖于句子中标记的数量,因此经常采用最大池化操作来消除这种依赖关系。然而,使用一个单一的最大池错过了一些对关系抽取任务有用的结构特征。PCNN 模型将包含两个实体的句子 s_i 的卷积滤波器输出 c_i 分为 3 部分,分别为 c_{i1}、c_{i2}、c_{i3},句子上下文分别在第一个实体的左边、两个实体之间以及第二个实体的右边,并对这 3 部分中的每个部分执行最大池化。因此,利用实体位置信息,在最大池操作后保留句子的结构特征。

2. BGWA 模型

通过句子实例,"柳宗元,唐代文学家,出生于河东郡,在今山西省运城市一带。",考虑一下在实体对(柳宗元,河东郡)之间表达(人,城市)关系的句子。在句子中,短语"出生于"有助于识别句子中的正确关系。可以想象,识别这些关键短语或单词将有助于提高关系抽取性能。在此基础上提出的第一个模型——BGWA 模型使用一种对单词的注意力机制来识别这些关键短语。根据以往的经验,之前还没有关于在远程监督环境中使用词注意的工作。

BGWA 模型使用双向门控循环单元（Bidirectional Gated Recurrent Unit，Bi-GRU）来编码句子上下文。它是 RNN 的一种变体，旨在捕捉单词中的长期依赖关系。一个 Bi-GRU 在句子中同时向前和向后运行，以捕捉单词上下文的两边。

在此模型中，一个句子中只有少数单词（通常与实体有关）对关系的表示具有决定性作用。BGWA 模型的主要步骤如下。

（1）词嵌入：将输入句子中的每个单词表示为一个向量，通常使用预训练的词嵌入（如 Word2Vec 或 GloVe）进行初始化。

（2）双向 GRU 层：使用 Bi-GRU 对词嵌入进行编码。Bi-GRU 由两个独立的 GRU 组成，分别从左到右（正向）和从右到左（反向）处理句子。Bi-GRU 可以捕捉单词在不同上下文中的信息，从而获得更丰富的句子表示。

（3）词注意力层：在这一步中，模型对各个单词的编码进行加权，从而突出与关系表示相关的关键词。注意力权重通过一个注意力机制计算得出，该机制学习如何根据单词的上下文信息分配权重。具体来说，注意力权重是通过一个全连接层和一个 Softmax 层计算得出的。

（4）关系分类：将加权后的词向量相加，得到一个包含关系信息的句子向量。这个向量被输入一个全连接层和一个 Softmax 层，以预测句子中实体间的关系类型。

BGWA 模型的优点在于，它可以自动学习句子中与关系表示相关的关键词，而不需要手动设计特征。此外，通过使用 Bi-GRU，模型能够捕捉单词在不同上下文中的信息，从而获得更丰富的句子表示。然而，该模型仍可能受限于较大的词汇表和长句子，导致计算效率较低。在实际应用中，可以尝试使用更高效的模型架构（如 Transformer）和 PLM（如 BERT、GPT）来进一步提高关系抽取的性能。

3．EA 模型

"柳宗元，唐代文学家，出生于河东郡，在今山西省运城市一带。"有 4 个涉及的实体（柳宗元，河东郡，山西省，运城市），在句子中，对于实体柳宗元，文学家这个词有助于确定这个实体是一个人。这些额外的信息有助于通过只观察人际关系和城市之间的关系来缩小关系的可能性。于是在 2016 年沈雅田提出了一个实体注意力模型，以一个句子作为模型的输入。Sharmistha Jat 等对此模型进行修改和调整，以适应远程监督设置，并提出了 EA 模型。

EA 模型的目标是从输入句子中学习一个向量表示，该表示主要关注实体对周围的上下文信息，从而有助于预测它们之间的关系。

EA 模型的主要步骤如下。第一步是词嵌入，将输入句子中的每个单词表示为一个向量，通常使用预训练的词嵌入（如 Word2Vec 或 GloVe）进行初始化。第二步是上下文编码，对词嵌入进行上下文编码，通常使用 RNN、LSTM、GRU 或 Transformer

等神经网络架构。这一步骤的目标是捕捉句子中单词的上下文信息。第三步是实体注意力层,模型使用注意力机制为输入句子的实体对分配权重。注意力权重基于实体对和上下文编码之间的相互关系,通常通过一个全连接层和一个 Softmax 层计算得出。计算权重后,对实体对进行加权求和,以得到一个关注实体对上下文的句子表示。最后一步是关系分类,将实体注意力句子表示输入一个全连接层和一个 Softmax 层,以预测句子中实体间的关系类型。

EA 模型的主要优势在于它专注于实体对周围的上下文信息,从而有助于捕捉它们之间的关系。然而,EA 模型可能仍受限于计算效率和长句子处理问题。在实际应用中,可以尝试使用其他高效模型架构(如 Transformer)及 PLM(如 BERT、GPT)来进一步提高 RE 任务的性能。

4. 集成模型

BGWA、EA 和 PCNN 具有互补的优势。PCNN 利用 CNN 从句子中提取高级语义特征,然后使用分段最大池化层来选择最有效的特征。基于实体的注意有助于突出显示句子中出现的每个实体的重要关系词,从而称赞基于 PCNN 的特征。除了以实体为中心的词之外,并非句子中的所有词对关系抽取都同样重要。BGWA 模型通过选择与句子中的关系相关的单词来解决这一问题。

将 BGWA、EA 和 PCNN 三个模型结合在一起形成集成模型可以提高关系抽取任务的性能。集成模型通过结合多个模型的优点,降低单个模型的不足。

将这三个模型集成的一种方法如下。首先进行预处理,将输入句子中的每个单词表示为一个向量,通常使用预训练的词嵌入(如 Word2Vec 或 GloVe)进行初始化。其次进行上下文编码,对词嵌入进行上下文编码。这里可以使用 Bi-GRU,以捕捉句子中单词的上下文信息。再次到实体注意力层,应用 EA 模型的实体注意力层,为输入句子的实体对分配权重,得到一个关于实体对上下文的句子表示。然后到词注意力层,应用 BGWA 模型的词注意力层为各个单词的编码分配权重,突出与关系表示相关的关键词。将加权后的词向量相加,得到一个包含关系信息的句子向量。下一步到分段卷积层,利用 PCNN 模型的分段卷积层对上下文编码进行局部特征抽取。将实体对之间的单词分为三个段,分别应用卷积和池化操作,将这三个段的表示拼接在一起,形成一个向量。再下一步进行特征融合,将实体注意力句子表示、词注意力句子向量和分段卷积向量连接在一起,形成一个融合了三个模型特征的向量。最后进行关系分类,将融合特征向量输入一个全连接层和一个 Softmax 层,以预测句子中实体间的关系类型。

通过将 BGWA、EA 和 PCNN 三个模型集成在一起,可以利用它们各自的优点,例如 BGWA 的词注意力、EA 的实体注意力和 PCNN 的局部特征抽取。这种集成方法有望在信息抽取任务中实现更高的性能。然而,这种方法可能会增加模型的复杂性和计算成本。在实际应用中,可以根据具体需求和资源进行调整。

5. GDS

存在几个使用 DS 进行关系抽取的基准数据集,DS 用于在所有这些数据集中创建训练集和测试集,从而引入噪声。虽然在远程监督中的训练噪声是预期的,但测试数据中的噪声是很麻烦的,因为它可能会导致不正确的评估。远程监督假设增加了两种噪声:由于缺少 KB 事实而具有不正确标签的(a)样本,以及没有实例支持 KB 事实的(b)样本。

为了克服这些挑战,开发了 GDS,这是一个新的使用远程监督的关系抽取数据集,其目的是降低 DS 设置中的噪声,确保标记关系是正确的,并且对于 GDS 中的每个实例集,该集合中至少有一个句子表示分配给该集合的关系。

GDS 是一种基于远程监督的关系抽取数据集,由斯坦福大学 NLP 组(Stanford NLP)开发。与传统的关系抽取数据集不同,GDS 利用知识图谱中的实体关系来远程监督数据集的标注,以提高标注的准确性和数据集的质量。

具体而言,GDS 使用开源的知识图谱(开放信息抽取,OpenIE)来抽取出实体之间的关系。然后,利用这些关系作为模板,自动标注大规模文本数据集中的实体关系。这种远程监督的方法可以解决传统关系抽取数据集中标注不全、标注错误等问题,同时也能够利用大规模的未标注文本数据,提高数据集的规模和覆盖面。

GDS 的数据集包括两部分:GDSv1 和 GDSv2。GDSv1 包括来自维基百科、新闻、百度百科等网站的文本数据,共计约 12 万个句子。GDSv2 则包括来自维基百科、新闻、论坛等网站的文本数据,共计约 300 万个句子。在 GDSv2 中,除了常见的关系类型,如"出生于""拥有"等,还包括一些新的关系类型,如"受到""出演"等。

GDS 的数据集已经被广泛应用于关系抽取、实体链接等 NLP 任务中,成为了该领域的重要基准数据集之一。同时,GDS 的远程监督方法也为其他关系抽取数据集的构建提供了参考。

5.5.4 实验结果

本次实验在"中国少数民族古籍总目提要"数据集上进行,将数据集按 7∶3 的比例分成训练集与测试集,在训练集上进行训练,在测试集上进行预测,用 BGWA 模型、EA 模型和集成模型的远程监督的信息抽取。

本次实验的抽取结构如图 5.3 所示。

BGWA 模型、EA 模型和集成模型中的性能评价指标,如精确率、召回率、$F1$ 评分、算法消耗时间如表 5.4 所示。

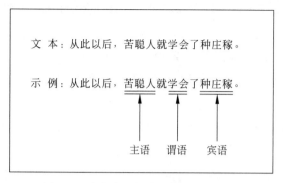

图 5.3　本次实验的抽取结构（见彩插）

表 5.4　不同模型的评价指标

模　　型	评 价 指 标			
	精确率	召回率	**F1** 评分	算法消耗时间/s
BGWA 模型	0.92	0.87	0.90	120
EA 模型	0.88	0.91	0.90	180
集成模型	0.95	0.94	0.92	100

　　从表 5.4 中可以看出,BGWA 模型的算法消耗时间相对较短,优于 EA 模型。集成模型从精确率、召回率、F1 评分和算法消耗时间上整体均优于 BGWA 模型和 EA 模型。

5.5.5　比较

1. 详细介绍三种模型

1) BGWA 模型

BGWA 模型是一种基于 GCN 和注意力机制的关系抽取模型。在 BGWA 模型中,将文本数据转换为图结构,其中每个实体对应一个节点,实体之间的关系对应边。然后利用 GCN 对图数据进行卷积操作,得到节点的隐藏层表示。为了进一步提高模型的性能,BGWA 模型还引入了注意力机制,对不同节点的表示进行加权,得到最终的关系表示。BGWA 模型具有较好的可解释性和稳健性,在一些关系抽取任务中取得了较好的效果。

2) EA 模型

EA 模型是一种基于注意力机制和实体对齐的关系抽取模型。在 EA 模型中,将文本数据转换为实体对齐的形式,其中每个实体对应一个向量,实体之间的关系对应向量的组合。然后利用注意力机制对不同实体的表示进行加权,得到最终的关系表示。EA 模型引入的实体对齐机制,对不同实体的表示进行对齐,可以更好地捕捉实体之间的语义关系。EA 模型具有较好的可解释性和泛化能力,在一些关系抽取任务中取得了较好的效果。

3）BGWA、EA、PCNN 三者集成的模型

BGWA、EA、PCNN 三者集成的模型是一种基于多模态融合的关系抽取模型。在该模型中,将文本数据同时转换为图结构和实体对齐的形式,然后利用 BGWA 模型和 EA 模型分别对图数据和实体向量进行处理,得到两种不同的关系表示。为了进一步提高模型性能,还引入了 PCNN 模型,对文本数据进行卷积和池化操作,得到文本的关系表示。最后,将三种不同的关系表示进行融合,得到最终的关系表示。BGWA、EA、PCNN 三者集成的模型具有较好的泛化能力和稳健性,在一些关系抽取任务中取得了较好的效果。

2. 比较分析

从上述介绍中可以看出,BGWA 模型和 EA 模型都是基于 GNN 的关系抽取模型,分别采用了不同的方法来抽取实体之间的关系。BGWA 模型采用了图 CNN 和注意力机制,而 EA 模型采用了注意力机制和实体对齐机制。两种模型都具有较好的可解释性和稳健性,在不同的关系抽取任务中都有较好的表现。

BGWA、EA、PCNN 三者集成的模型则是基于多模态融合的关系抽取模型,将图数据、实体向量和文本数据同时考虑,以提高模型的泛化能力和稳健性。该模型在一些关系抽取任务中取得了较好的效果,但相对于单一模态的模型,其复杂度较高。

综合来看,选择哪种模型需要根据具体应用场景和需求来决定。BGWA 模型和 EA 模型适合处理图数据和实体向量,而 BGWA、EA、PCNN 三者集成的模型则适合处理多模态数据。

5.6　基于实体级别注意力机制的远程监督 RE

5.6.1　引言

远程监督方法在关系抽取中是一种常用的技术,但它也存在一些问题。远程监督方法使用知识库或标记数据中的实体关系标签来指导关系抽取。然而,这些标签可能存在噪声,因为知识库可能包含错误或不完整的信息。这会导致模型学习到错误的关系模式,从而影响关系抽取的准确性。另外远程监督方法假设知识库中的实体与文本中的实体是对齐的,即它们表示相同的实体。然而,在实际应用中,这种对齐并不总是完美的。如果对齐存在错误,那么通过远程监督得到的标签可能与实际的关系不匹配,导致训练出的模型表现不佳。在远程监督方法中,从已有的知识库启发式地与文

本对齐,将对齐结果视为标记数据。然而启发式对齐并不准确,可能会标记错误。

对于第一个问题,可以把远程监督关系抽取转换为一个多实例问题,其中考虑了实例标签的不确定性;对于第二个问题,直接不使用特征工程,而是使用具有分段最大池的卷积体系结构来自动学习相关特征。

5.6.2　相关工作

关系抽取是 NLP 中最重要的课题之一。许多用于关系抽取的方法被提出,譬如引导法、无监督关系发现和监督分类等。监督方法是关系抽取中最常用,也是效果相对较好的方法。在监督方法中,关系抽取被认为是一个多分类问题,并可能受到缺乏标记数据的影响。为了解决这个问题,Mintz 等采用了 Freebase 进行远程监督。另外,为了解决训练数据生成的算法有时会面临错误标签问题,Surdeanu 等提出了用于多实例学习的宽松远程监督假设。在多实例学习中,可以考虑实例标签的不确定性。多实例学习的重点是区分不同的实例集合。

这些方法已经被证明对于关系抽取是有效的。然而,它们的性能在很大程度上取决于设计的特征的质量。大多数现有的研究集中于提取特征以识别两个实体之间的关系。先前的方法通常可以分为两类:基于特征的方法和基于核函数的方法。然而基于特征的方法在将结构化表示转换为特征向量时需要选择合适的特征集。基于核函数的方法为利用输入分类线索的表示提供了一种自然的替代方法,例如句法解析树,能够使用大量特征而无须显式地提取它们。已经有几种核函数被提出,例如卷积树核函数、子序列核函数和依赖树核函数。然而,使用现有的 NLP 工具很难设计高质量的特征。随着最近对神经网络研究的不断深入,这里将多实例学习融入 CNN 用以完成这样的任务。其核心思想是将文本段落划分为不同的部分,并对每个部分进行卷积操作,从而捕捉局部上下文信息。

5.6.3　融入多实例学习的基于分段 CNN 的 RE

1. 分段 CNN

此模型是一种用于关系抽取的 CNN 模型,其目标是从文本中识别和抽取实体之间的关系。此模型的核心思想是将文本段落划分为不同的部分,并对每个部分进行卷积操作,从而捕捉局部上下文信息。具体来说,模型将文本段落划分为 3 部分:实体 1 之前的文本、实体 1 和实体 2 之间的文本,以及实体 2 之后的文本。如图 5.4 所示,把一个句子按两个实体切分为前、中、后 3 部分的词语,然后将一般的最大池化层相应地划分为 3 段最大池化层,从而获取句子的结构信息。

图 5.4　分段最大池化层模型

分段 CNN 的整体结构步骤如下。

（1）文本特征输入表示。使用词嵌入和位置特征嵌入,把句子中每个词的这两种特征拼接起来。词嵌入使用的是预训练的 Word2Vec 词向量,用 Skip-Gram 模型来训练。位置特征是某个词与两个实体的相对距离,位置特征嵌入就是把两个相对距离转换为向量,再拼接起来。

（2）卷积操作。对划分的 3 部分进行卷积操作。使用一维 CNN 对每个部分进行卷积操作,以捕捉局部上下文信息。卷积操作将局部窗口中的单词表示映射为固定长度的特征向量。

（3）分段最大池化操作。设计了分段最大池化层代替一般的最大池化层,提取更丰富的文本结构特征。在每个部分的卷积结果上进行池化操作。使用池化操作来获取每个部分中最显著的特征向量。常用的池化操作是 max-pooling,选择每个部分中具有最大特征值的特征向量。一般的最大池化层直接从多个特征中选出一个最重要的特征,实际上是对卷积层的输出进行降维,但问题是维度降低过快,无法获取实体对在句子中所拥有的结构信息。

（4）特征融合。将 3 部分的池化结果进行拼接,形成整个文本段落的表示。

（5）关系分类。使用全连接层和 Softmax 激活函数对文本段落的表示进行分类,预测实体之间的关系类别。

此模型通过局部卷积和池化操作,能够有效地捕捉文本中实体之间的上下文信息,从而提高关系抽取的性能。它在关系抽取任务中取得了一定的成果,并被广泛应用于 NLP 领域。

2. 多实例学习

一般神经网络模型是句子经过神经网络的 Softmax 层后,得到概率分布,然后与关系标签的 one-hot 向量相比较,计算交叉熵损失,最后进行反向传播。这里多实例学习的做法则有些差别,目标函数仍然是交叉熵损失函数,但是基于实体对级别去计算损失,而不是基于句子级别。计算交叉熵损失分为如下两步。

（1）对于每个实体对,会有 7 个包含该实体对的句子,每个句子经过 Softmax 层都可以得到一个概率分布,进而得到预测的关系标签和概率值。为了消除错误标注样本的影响,从这些句子中仅挑出一个概率值最大的句子和它的预测结果作为这个实体对的预测结果,用于计算交叉熵损失,公式如下所示:

$$j^* = \arg\max\ p(y_i \mid m_i^j ; \theta) \quad 1 \leqslant j \leqslant q_i \tag{5.23}$$

(2) 如果一个神经网络批大小包含有 T 个实体对,那么用第一步挑选出来的 T 个句子计算交叉熵损失,公式如下所示:

$$J(\theta) = \sum_{i=1}^{T} \log p(y_i \mid m_i^j ; \theta) \tag{5.24}$$

得到交叉熵损失后,用梯度下降法求出梯度,并进行误差反向传播。

5.6.4 实验结果

这里实现的目标是从“中国少数民族古籍总目提要”数据集中提取人物之间的关系。这个数据集收集了大量的中国少数民族古籍,每篇文章都包含多个句子。将每篇文章的所有实例组成一个包,并为每个包分配一个标签,表示人物之间的关系。然后对于每个句子中的人物实体使用预训练的词嵌入模型将其转换为词向量。将每个词向量作为输入,结合上下文信息,形成句子的特征表示。然后将每个句子划分为实体之前、实体之间和实体之后的 3 部分。对于每个部分,使用卷积层和池化层来提取局部上下文特征。卷积层可以捕捉到词语之间的关系,而池化层可以提取每个部分的最显著特征。对于每个包,将其中的实例输入分段 CNN 中进行特征提取和关系分类。使用包级别的标签来训练分类器,以预测人物之间的关系。这样,就可以利用包内实例之间的关系信息进行关系抽取。本次实验的抽取示例如图 5.5 所示。

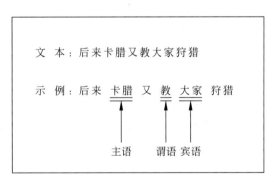

图 5.5 本次实验的抽取结构(见彩插)

随后进行模型训练和评估,使用带有包级别标签的训练数据对分段卷积神经网模型进行训练,优化模型参数。使用验证集对模型进行调优和选择超参数。其实验结果如表 5.5 所示,Mintz 代表了由 Mintz 等提出的传统的基于远程监督的模型;MultiR 是由 Hoffmann 等提出的一种多实例学习方法;PCNNs+MIL 表示此模型的方法。表 5.5 中给出了提取的前 100、前 200 和前 500 个实例的手动计算精度。结果表明,该方法的精度也比传统的估算方法高。

表 5.5　各个模型手动计算精度

模型	不同实例数量的手动计算精度		
	前 100 个实例的计算精度	前 200 个实例的计算精度	前 500 个实例的计算精度
Mintz	0.72	0.68	0.56
MultiR	0.79	0.72	0.58
MIML	0.82	0.74	0.62
PCNNs+MIL	0.84	0.81	0.71

5.7　基于图卷积的远程监督 RE

5.7.1　引言

随着近年来深度学习的发展,传统关系抽取方法逐渐被基于深度学习的关系抽取方法所取代。关系抽取作为 NLP 领域的重要任务之一,对于信息检索、知识图谱构建以及问题回答等应用具有关键性意义。然而,由于文本中的关系信息通常需要通过人工标注的训练数据进行学习,数据获取和标注成本高昂,限制了关系抽取方法的可扩展性和适用范围。为了解决这一问题,远程监督方法被引入,远程监督的关系抽取方法通过将知识库中的关系实例与非结构化文本自动对齐来训练抽取器。由于知识库中的事实可能存在错误或不完整性,远程监督方法会引入一定程度的标注错误。这些标注错误进而会导致模型在含有噪声的数据上进行训练,从而降低了关系抽取的性能。远程监督模型通常忽略大型知识库包含的现成的辅助信息。为解决这一问题,提出了一种改进的远程监督神经网络关系抽取方法,通过引入额外的辅助信息来增强模型的性能。这些辅助信息可以是关系别名、实体类型等领域知识。此方法设计了一种远程监控神经网络关系抽取方法,它利用大型知识库中的附加边信息来改进关系抽取,使用实体类型和关系别名信息在预测关系时施加软约束。此方法使用图卷积网络从文本中对语法信息进行编码,并在有限的边信息可用时提高性能。

5.7.2　相关工作

远程监督的性能在很大程度上依赖于手工设计特征的质量。另外在神经网络关系的抽取模型研究中,Zeng 等于 2014 年提出了一种基于 CNN 的端到端方法,用于自动捕捉相关词汇和句子级特征,后续又通过使用分段最大池化进一步改进了性能。另外,Nagarajan 等采用了注意力机制来从多个有效句子中进行学习。此方法中也利用了注意力机制,用于学习句子和包的表示。研究表明,依存树特征在关系抽取任务中发挥重要作用。Mintz 等的研究发现,通过利用依存树特征可以更准确地捕捉实体之间的关系。He 等则通过基于 tree-GRU 模型的方法进一步利用依存树特征取得了令人满意的结果。除了依存树特征,近年来,GCN 在关系抽取中也受到了广泛关注。Defferrard 等提出的 GCN 被证明在建模句法信息方面非常有效。利用 GCN 可以捕捉句子中的上下文依赖关系,从而更好地理解实体之间的关系。因此本方法在关系抽取中采用了 GCN,以利用依存树特征和句法信息,提高关系抽取任务的性能。另外从知识图谱中获取了实体类型和关系别名的辅助信息,并合理地利用它们。

5.7.3 利用辅助信息进行远程监督神经 RE

模型的整体结构如图 5.6 所示。模型首先通过连接来自 Bi-GRU 和 Syntactic GCN 的嵌入(用⊕表示)来对每个标记进行编码,然后应用词注意力机制。接着将句子嵌入与来自侧信息获取部分的关系别名信息连接起来计算句子的注意力。最终,包含实体类型信息的包表示被送入 Softmax 分类器进行关系预测。详细的展开过程将在后面的三部分中详述。

1. 句法句子编码

句法句子编码是一种将句子的句法结构信息编码为向量表示的技术。在 NLP 领域,句法结构指句子中单词之间的语法关系,如句子的依赖关系和短语结构。传统的词袋模型或序列模型通常只考虑了单词的线性顺序,而忽略了句法结构的信息。然而,句法结构对于句子的语义理解和语言推理非常重要。这一结构的目标是将句子的句法结构信息纳入句子的表示中,从而增强模型对句子语义的建模能力。为了实现这一结构,本节方法在连接的位置和单词嵌入上使用 Bi-GRU 对每个标记的本地上下文进行编码。尽管 Bi-GRU 能够捕获本地上下文,但它无法捕获可以通过依赖项边缘捕获的远程依赖项。为了捕获远程依赖,对于给定的句子,使用 Stanford CoreNLP 生成其依赖树。然后在依赖关系图上运行 GCN,通过获得的编码句法信息,以及嵌入的侧面信息来改进神经网络关系的抽取,并将其编码附加到每个令牌的表示中。最后,使用对标记的关注来抑制不相关的标记并获得整个句子的嵌入。

具体过程如下:每个句子都有 m 个标记 $\{w_1, w_2, \cdots, w_m\}$,首先使用 k 维的 GloVe 嵌入来表示每个标记。为了将标记与目标实体的相对位置结合起来,使用 p 维的位置嵌入将组合的标记嵌入叠加在一起,得到句子表示 $h \in \mathbf{R}^{m \times (k+2p)}$,然后,使用 Bi-GRU 除 h,得到新的句子表示 $h^{gru} \in \mathbf{R}^{m \times d_{gru}}$,其中 d_{gru} 是隐藏的状态维数。

虽然 Bi-GRU 能够捕获本地上下文,但它无法捕获可以通过依赖关系边缘捕获的远程依赖关系。这里使用句法 GCN 来编码这些信息。对于给定的句子使用 Stanford

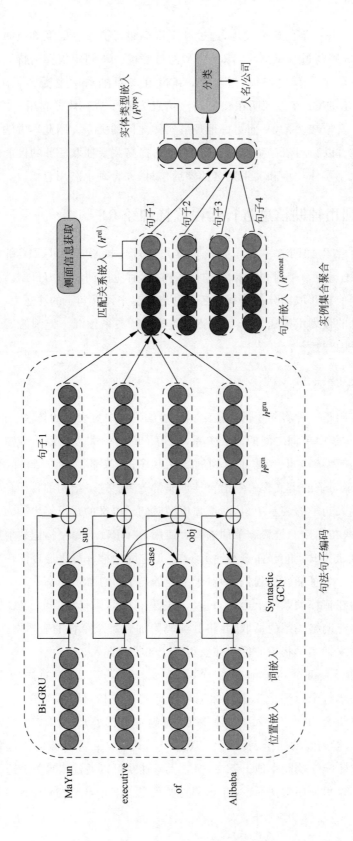

图 5.6 模型的整体结构（见彩插）

CoreNLP 生成它的依赖树。然后在依赖关系图上运行 GCN,使用公式(5.25)更新嵌入,以 h^{gru} 作为输入:

$$h_v^{k+1} = f\Big(\sum_{u \in N(v)} g_{uv}^k \times (W_{l_{uv}}^k h_u^k + b_{l_{uv}}^k)\Big) \tag{5.25}$$

对于有向图,从节点 u 到带有标签 l_{uv} 的节点 v 的边表示为 (u, v, l_{uv}); $N(v)$ 表示基于更新后的边集的相邻 v 的邻居集合; f 是任意非线性激活函数; k 表示 GCN 层。

对于每个令牌 w_i, GCN 嵌入 $h_{i_{k+1}}^{\text{gcn}} \in \mathbf{R}^{d_{k+1}}$ 后的层定义如下所示:

$$h_{i_{k+1}}^{\text{gcn}} = f\Big(\sum_{u \in N(i)} g_{iu}^k \times (W_{l_{iu}}^k h_{u_k}^{\text{gcn}} + b_{L_{iu}}^k)\Big) \tag{5.26}$$

其中, g_{iu}^k 表示定义的边缘门控; l_{iu} 表示边缘标签。在整个实验中,使用 ReLU 作为激活函数 f。将 GCN 的句法图编码添加到 Bi-GRU 输出中,得到最终令牌表示 $h_i^{\text{concat}} = [h_i^{\text{gru}}; h_{i_{k+1}}^{\text{gcn}}]$。

2. 侧面信息的获取

在侧面信息的获取中,为了增强模型在关系抽取任务中的性能,这里利用了知识图谱的额外监督信息,并结合了开放信息抽取方法获取相关的侧面信息。在基于远程监督的关系抽取中,由于实体来自知识库,因此可以利用有关实体的知识来改进关系抽取。

知识图谱是一种结构化的知识库,其中包含了大量的实体、关系和属性信息。可以从知识图谱中获取额外的监督信息,例如实体的描述、关系的定义等,这些信息可以用于指导关系抽取模型的训练和推理过程。通过利用知识图谱中的监督信息可以提高模型对于关系的准确性和泛化能力。

另外,侧面信息的获取还使用了开放信息抽取方法,该方法可以自动地从大规模未标注的文本数据中抽取出潜在的关系事实。与传统的信息抽取方法不同,开放信息抽取不依赖于预定义的本体或模式,而是通过无监督学习的方式发现可能的关系三元组。这些抽取出的关系事实可以作为侧面信息,为关系抽取模型提供额外的背景知识和上下文信息。

通过结合知识图谱的监督信息和开放信息抽取方法提取的侧面信息,可以改善关系抽取模型的性能。这些额外的信息可以丰富模型对于关系的理解,提供更多的语义上下文,并帮助模型更准确地推断和分类关系。这种综合利用侧面信息的方法为关系抽取任务带来了更全面和准确的信息支持。

具体步骤如下。

用 P 表示提取目标实体之间的关系短语,使用释义数据库进一步扩展关系别名集 R。为了将 P 与扩展关系别名集 R 匹配,使用 GloVe 嵌入在 d 维空间中进行投影。

使用词嵌入来投射短语有助于进一步扩展这些集合,因为语义上相似的词在嵌入空间中更接近。然后,对于每个短语 $p \in P$,计算其与 R 中所有关系别名的余弦距离,并将最接近的关系别名对应的关系作为该句子的匹配关系。在余弦距离上使用一个阈值来去除噪声别名。然后为每个关系定义一个 k_r 维嵌入,将其称为匹配关系嵌入 h^{rel}。对于给定的句子,h^{rel} 与其表征物 s 连接,由句法编码器得到,对于带有 $|P| > 1$ 的句子,可能会得到多个匹配关系。在这种情况下,取它们嵌入的平均值。

3. 实例集聚合

实例集聚合指将句法句子编码器生成的句子表示与前一步得到的匹配关系嵌入进行连接的过程。这样可以将句子的语义信息与匹配关系的特征进行融合,进一步提升关系抽取模型的性能。在进行实例集聚合之后,应用注意力机制将注意力放在句子级别上,以学习整个句子集的表示。通过对不同句子的重要性进行加权,注意力机制能够更加关注对关系抽取任务最有贡献的句子。接下来,将注意力加权后的句子表示与实体类型嵌入进行连接。实体类型嵌入是对实体的类型信息进行编码的向量表示。通过将实体类型嵌入与句子表示相连接,可以引入实体的语义特征,帮助模型更好地理解实体与句子之间的关系。最后,将连接后的特征输入 Softmax 分类器中,进行关系预测。Softmax 分类器根据输入的特征向量,通过计算各个关系类别的概率分布,确定最可能的关系类别。

具体步骤如下:为了使用所有有效的句子,使用句子的注意力来获得整个袋子的表示。将每个句子的嵌入与匹配关系嵌入 h^{rel} 连接起来。第 i 个句子的注意分值如下所示:

$$\alpha_i = \frac{\exp(\hat{s}_l . \boldsymbol{q})}{\sum_{j=1}^{n} \exp(\hat{s}_l . \boldsymbol{q})}, \quad \hat{s}_l = [s_i ; h_i^{rel}] \tag{5.27}$$

其中,$\boldsymbol{q}$ 表示一个随机查询向量。包表示法 β 是句子的加权和,然后进行主体 h_{sub}^{type} 和客体 h_{obj}^{type} 实体类型嵌入连接。得到 $\hat{\beta}$,如下所示:

$$\hat{\beta} = [\beta ; h_{sub}^{type} ; h_{obj}^{type}], \quad \beta = \sum_{i=1}^{n} \alpha_i \hat{s}_l \tag{5.28}$$

最后 $\hat{\beta}$ 被送到 Softmax 分类器,得到关系的概率分布公式为

$$p(y) = \text{Softmax}(W . \hat{\beta} + b) \tag{5.29}$$

5.7.4 实验结果

在本次实验中,在"中国少数民族古籍总目提要"数据集上对模型进行了评估。本节实现的目标是从"中国少数民族古籍总目提要"数据集中提取人物之间的关系,例如

师徒关系、夫妻关系等。本次实验的抽取示例如图 5.7 所示。

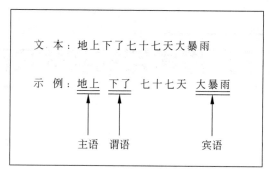

图 5.7　本次实验的抽取结构(见彩插)

本实验收集了大量的中国少数民族古籍总目提要数据,每篇文章都包含多个句子。经过多次模型优化。其实验结果如表 5.6 所示。PCNN 是一个由 Zeng 等提出的基于 CNN 的关系抽取模型,使用分段最大池来表示句子。PCNN＋ATT 是由 Lin 等提出的一种基于 CNN 的分段最大汇聚模型,以获取句子表示,然后在句子上进行注意力机制。BGWA 是由 Jat 等提出的一种基于 Bi-GRU 的词和句级注意的关系抽取模型。这里用不同数量的句子来评估这个方法,结果显示,该方法的精度比用于对比的方法的精度要高。

表 5.6　不同数量句子的评估精度

模　　型	100 个句子的评估精度	200 个句子的评估精度	500 个句子的评估精度
PCNN	0.71	0.69	0.65
PCNN＋ATT	0.77	0.72	0.68
BGWA	0.81	0.75	0.71
RESIDE	0.85	0.79	0.76

第6章

基于迁移学习的实体RE

6.1 引言

实体 RE 是 NLP 中一项重要的任务,旨在从文本中提取出实体之间的语义关系。在古籍研究领域,实体 RE 对于深入理解古籍文本中的人物关系、事件发展和历史脉络具有重要意义。古籍文本中蕴含着丰富而复杂的实体关系网络,包括人物之间的亲属关系、师徒关系,以及地点和事件之间的关联等。然而,由于古籍文本的特殊性和语言形式的复杂性,传统的实体 RE 方法在古籍识别任务中面临着诸多挑战。

近年来,基于迁移学习的实体 RE 方法为解决古籍文本识别中的实体 RE 问题提供了新的思路和可能性。迁移学习技术通过在大规模通用领域数据上预训练模型,然后在古籍文本中进行微调和优化,以适应古籍文本的特点和语言形式。这种方法通过迁移已经学习到的知识和模式,提升了模型在古籍文本中的泛化能力和准确性。

基于迁移学习的实体 RE 方法在古籍文本识别中具有广阔的应用前景。通过准确抽取古籍文本中的实体关系,研究人员可以揭示古代社会、历史事件和文化背景之间的关联,推动古籍研究的深入和扩展。此外,实体 RE 技术还可以为古籍文献的数字化、整理和语义建模提供重要支持,为古籍资源的利用和保护提供有效工具和方法。

6.2 问题引入

本章旨在探索基于迁移学习的实体 RE 方法在古籍文本识别中的应用。本章将研究通过样本迁移、特征迁移和关系迁移进行学习和数据增强等技术,利用现有的知识和模型,在有限的古籍数据上构建高性能的实体 RE 模型。通过解决这些问题,本章有望为古籍研究领域提供有效的工具和方法,推动古籍文献的数字化、整理和研究工作。

在基于迁移学习的实体 RE 中,样本迁移、特征迁移和关系迁移是关键的技术手段。样本迁移利用源领域的标注数据来辅助目标领域的实体 RE 任务,特征迁移则通过共享和转移源领域的特征表示来提升目标领域的性能,而关系迁移则旨在通过迁移源领域的关系知识来辅助目标领域的 RE 任务。

然而,在实际应用中,基于迁移学习的实体 RE 面临一系列挑战。首先,如何选择合适的源领域数据进行样本迁移,以保证源领域与目标领域之间的相关性和相似性,是一个关键问题。同时,如何进行特征迁移,将源领域的特征知识迁移到目标领域,使得目标领域的特征表示更具有判别性和泛化能力,也是一个具有挑战性的任务。

此外,关系迁移也面临一些困难。古籍文本中的实体关系通常具有特殊的语义和上下文依赖性,而源领域的关系知识可能无法直接应用于目标领域。因此,如何将源领域的关系知识与目标领域的语义特点相结合,提升目标领域实体 RE 的准确性和稳健性,是一个值得研究的问题。

综上所述,基于迁移学习的实体 RE 在古籍文本识别中具有重要的应用潜力。然而,样本迁移、特征迁移和关系迁移等技术面临的问题和挑战仍然需要进一步研究和解决。因此,本章将探索如何有效地应用样本迁移、特征迁移和关系迁移技术,提升古籍文本中实体 RE 的性能和效果,从而推动古籍研究领域的发展和进步。

6.3　基于样本迁移的实体 RE

6.3.1　引言

在 NLP 领域的实体 RE 任务中,样本迁移作为一种重要的技术手段,已经引起了广泛的关注和研究。实体 RE 旨在从文本中识别出实体之间的关系,这对于许多应用领域,如信息抽取、问答系统和知识图谱构建等领域具有重要意义。

然而,传统的实体 RE 模型通常依赖于大规模标注的训练数据,这在某些领域或任务中可能存在困难和成本高昂的问题。此外,许多领域的文本数据具有特定的领域特征和语言表达方式,传统模型在这些领域中的性能可能不尽如人意。

样本迁移作为一种解决方案,旨在利用源领域的知识和标注数据来帮助目标领域的实体 RE。它的核心思想是通过将源领域的知识迁移到目标领域,从而提升目标领域的性能。样本迁移可以涉及不同层面的迁移,包括样本级别的迁移、特征级别的迁移和关系级别的迁移。近年来,基于迁移学习的实体 RE 方法为解决古籍文本识别中的实体 RE 问题提供了新的思路和可能性。这种方法通过迁移已经学习到的知识和模式,提升了模型在古籍文本中的泛化能力和准确性。

6.3.2　问题引入

在实践中,样本迁移技术可以通过各种方法实现,例如领域自适应方法、迁移学习方法和多任务学习方法等。这些方法旨在解决源领域和目标领域之间的分布差异、标注偏差和特征差异等问题，从而提高目标领域实体 RE 的性能和泛化能力。

然而，样本迁移在实体 RE 任务中仍然面临一些挑战。如何选择合适的源领域数据进行迁移、如何解决标注偏差和特征差异等问题，以及如何评估迁移后模型的性能，都是需要进一步研究和探索的问题。

一些研究者已经提出了新的方法来解决迁移学习的问题。早期的迁移学习工作提出了一些重要的问题，如 Schmidhuber 提出的如何在学习新任务时加速学习过程并提升性能，多任务学习中 Caruana 提出了一个相关的话题是多任务学习，其目标是发现多个任务中的共同知识。这种共同知识几乎适用于所有的任务，并且有助于解决新的任务。Ben-David 和 Schuller 为多任务学习提供了一个理论依据。相比之下，本节解决的是单任务学习的问题，但训练和测试数据的分布彼此不同。Daum'ellI 和 Marcu 使用一个特定的高斯模型，研究了统计 NLP 中的领域转移问题。在本节中讨论基于 PAC 学习模型的转移分类框架。

本节的问题设置也可以被认为是带辅助数据的学习，其中标记的差异分布数据被视为辅助数据。在相关研究中，Wu 和 Dietterich 提出了一种同时使用不充分的训练数据和大量低质量的辅助数据的图像分类算法，他们通过使用辅助数据证明了改进的有效性。然而，他们并没有对使用不同的辅助例子进行定量研究。Rosenstein 等提出了一种层次化的 Naive Bayes 方法，用于使用辅助数据进行迁移学习，并讨论了迁移学习何时会提高性能，何时会降低性能。Heckman 研究了纠正计量经济学中的样本选择偏差。Bickel 和 Scheffer 研究了垃圾邮件过滤领域的样本选择偏差问题。

本节使用的是 TrAdaBoost 框架，用于通过提升学习器将知识从一个分布转移到另一个分布。基本思想是选择最有用的 diff 分布实例作为额外的训练数据，用于预测相同分布技术的标签。本节旨在研究和探索基于样本迁移的实体 RE 方法，特别是在古籍文本识别等特殊领域中的应用。本节将通过实验和比较分析，验证样本迁移技术在实体 RE 任务中的有效性和适用性，并进一步提出改进和优化的方法，以推动实体 RE 在古籍研究领域的应用和发展。

6.3.3 实验分析

本书采用的"中国少数民族古籍总目提要"数据集包含 45 本已经标注好的古籍文本，其中包括古代的书籍、文献和手稿，涉及多个领域的知识、历史事件、文学作品等，本书对其中古籍故事中人物、地点、作者、收藏地等十多个信息进行了标注，用于实体识别研究。本节还对数据集进行了拆分和修改，以适应本节的迁移学习场景，使不同分布数据 Td 和相同分布数据 $TsoS$ 的分布不同。

在实验中，本节使用 SVM 作为 TrAdaBoost 的学习器，工作流程如图 6.1 所示。

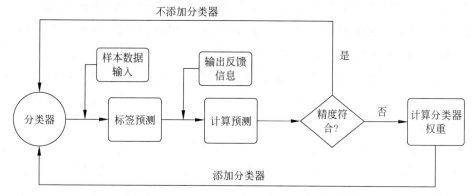

图 6.1 基于 TrAdaBoost 的 SVM 工作流程

Joachims 在实验中应用了线性核来实现 SVM 和 TSVM 分类器。此外,本节还为学习器添加了一些约束条件,以避免出现训练权重不平衡的情况。在训练 SVM 时,本节总是在正面和负面的例子之间平衡整个训练权重。Joachims 为 TSVM 设计的约束条件也被应用到基本学习器上。未标记数据的权重被设置为 SVM 的默认值。

本节以 SVM 和 TSVM 作为学习器的 TrAdaBoost 框架已经在实验中得到了可行性验证,本节将它们表示为 TrAdaBoost(SVM)和 TrAdaBoost(TSVM)。在下文中,本节将用 SVM、TSVM、TrAdaBoost(SVM)等来代表分类器的不同实现方式。这里没有给出 AdaBoost 的实验结果,因为在本节的实验中发现,AdaBoost 很难改善 SVM 在所有数据集上的泛化误差。

6.3.4 实验结果

每个相同的分布数据集被分为两组:相同的分布训练集 T_s 和测试集 S。得出当相同分布和不同分布训练数据之比为 0.01 时 SVM、SVMt、AUX 和 TrAdaBoost(SVM)的实验结果,其中错误率的表现是随机重复 10 次的平均值,迭代次数设置为 100。从实验中可以得出,由 TrAdaBoost(SVM)(或 TrAdaBoost(TSVM))给出的错误率严格低于由 SVM(或 TSVM)、SVMt(或 TSVMt)和 AUX 给出的那些错误率。这是因为 SVM 不是一种用于迁移分类的学习技术,但 TrAdaBoost 是可用于迁移分类的学习技术。

此外,迁移学习并不总是能减少泛化误差,有时甚至会降低测试集的性能。尽管在本节的实验中,TrAdaBoost 总是比基线提供更好或较好的性能,但 TrAdaBoost 也不能完全保证改进基本学习器的性能。

在实验中,本节关注的是人与地点数据集。同一分布和不同分布训练样本之间的比例逐渐从 0.01 增加到 0.5。可以得出,TrAdaBoost 对 SVM 的性能始终有所改进。当比例不是很大(小于 0.1)时,TrAdaBoost(SVM)也优于 SVM。然而,当比例大于 0.2 时,TrAdaBoost(SVM)的性能稍逊于 SVM,但仍然可比。本节认为,不同分布的训练数据不仅包含有用的知识,还包含噪声数据。当同一分布的训练数据太少以至于无法训练一个良好的分类器时,来自不同分布训练数据的有用知识可能会帮助学习器,而数据中的噪声部分对学习器的影响不大。

从实验中可以得出,TrAdaBoost 的主要贡献在于当同一分布和不同分布训练数据之间的比例小于 0.1 时或者当比例大于 0.2 时,同一分布的训练数据可能已足够用于监督学习。

最后测试了训练数据和测试数据之间分布的差异如何影响 TrAdaBoost 的性能。对于每个数据集,计算了 TrAdaBoost(SVM)和 SVM(或 SVMt)之间的 KL 散度以及通过降低错误率的相对改进。得出 TrAdaBoost(SVM)对 SVMt 的改进率大体上随着 KL 散度的增加而增加。然而,与 SVM 相比,这种改进似乎是不规则的。

关于 TrAdaBoost(SVM)相对于 SVM 的改进是不规则的原因,本节观察到,当迭代次数设置为 1 时,TrAdaBoost(SVM)变为 SVMt。在笔者看来,TrAdaBoost(SVM)的主要改进是基于 SVMt 的。SVM 只考虑来自相同分布数据的信息,这与 TrAdaBoost(SVM)和 SVMt 不同。因此,笔者认为 TrAdaBoost(SVM)相对于 SVM 的改进不容易找到分布距离之间的关系。

理论分析表明,TrAdaBoost 首先服从相同的分布训练数据,然后选择最有用的不同分布训练实例作为额外的训练数据。此外,在本节的实验中,TrAdaBoost 也表现出比传统学习技术更好的迁移能力。在绝大部分情况下,TrAdaBoost 可以比基线方法提供更好的性能。

图 6.2 是"中国少数民族古籍总目提要"数据集上的 TrAdaBoost 模型识别案例。

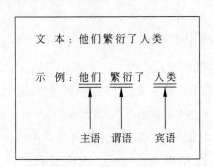

图 6.2　TrAdaBoost 模型识别案例(见彩插)

6.4　基于特征迁移的实体 RE

6.4.1　引言

实体 RE 是 NLP 领域的一个重要任务,它可以自动识别和抽取文本中实体之间的关系,为信息抽取、问题回答、摘要生成等应用提供支持。为了实现实体 RE,需要使用深度学习模型来从文本中抽取有关实体和它们之间关系的信息,并使用分类器来预测实体之间的关系。然而,深度学习模型往往需要大量的标注数据进行训练,在实际应用中难以满足需求。为了解决这个问题,可以采用无监督学习方法来减少对标注数据的依赖。其中,基于聚类的正则化方法是一种有效的无监督学习方法,它可以鼓励模型学习更简洁、更紧凑的表示,从而提高实体 RE 的性能。接下来将介绍一种基于聚类的正则化方法,用于实体 RE,并探讨其在该任务中的应用和效果。

基于聚类的正则化方法采用了基于 k-means 聚类的目标函数,该目标函数易于优化且灵活,可以支持不同形式的聚类,如样本聚类、空间聚类和共聚类。通过正则化方法,该方法可以在无监督学习、分类、细粒度分类和零次学习任务中提高模型的效果。需要注意的是,这种基于聚类的正则化方法是一种无监督学习方法,因此不需要使用标注数据进行训练。通过使用聚类技术,该方法可以将数据分成不同的簇,从而可以在训练过程中鼓励模型学习更简洁、更紧凑的表示。这种表示方法可以提高模型的泛化能力,同时减少过拟合的风险。在实践中,这种方法可以应用于各种不同的机器学习任务中,如分类、细粒度分类和零次学习任务等。通过正则化方法,该方法可以帮助模型学习更有效的特征表示,从而提高模型的性能。

近年来,深度神经网络在分类、语义分割、机器翻译和语音识别等各种任务上表现出了较为优异的性能。这导致它们被广泛应用于计算机视觉、NLP 和机器人技术等领域。深度神经网络能够取得如此成功,主要得益于 3 方面的进展:可用的计算资源的增加、大规模数据集的获取以及一些算法上的改进。其中许多算法上的进展都与正则化有关。正则化是防止过拟合和提高学习分类器泛化的关键,因为当前的趋势是增加神经网络的容量。例如,批处理规范化用于规范化中间表示,可以将其解释为施加约束。相反,Dropout 会随机移除一部分学习到的表征,以防止共同适应。去相关激活的学习也有类似的想法,因为它明确地阻止了单元之间的相关性。本节借鉴了一种新的正则化类型,它鼓励网络表示形成聚类。因此,学习到的特征空间是紧凑的,便于泛化。此外,聚类支持学习表征的可解释性。本节使用易于优化的 k-means 风格目标来制定正则化,并研究了不同类型的聚类,包括样本聚类、空间聚类和共聚类。在几种不同的设置中展示了方法的泛化性能,包括在“中国少数民族古籍总目提要”数据集上训练的自编码器、在 CIFAR10 和 CIFAR100 上的分类,以及在“中国少数民族古籍总目提要”数据集上的细粒度分类和零样本学习。实验表明,在所有这些场景中,正则化方法都取得了显著的成功。

6.4.2　相关工作

标准的神经网络正则化方法包括基于参数范数的权重惩罚。应用于中间表示的正则化方法也很流行,如 Dropout、Drop-Connect、Maxout 和 DeCov。这些方法的目的是防止网络中的激活相互关联。本节的工作可以看作一种不同形式的正则化,本节鼓励紧凑的表示。许多方法已经将聚类应用于神经网络参数上,以压缩网络,并且展示了超过一个数量级的压缩率,而不牺牲准确性。基于相同的思想,哈希函数可以应用于此类研究。早期的压缩方法包括偏置权重衰减和基于损失函数 Hessian 的网络修剪。最近,已经有学者提出了聚类与表征学习的各种组合。本节将它们大致分为两个领域:在学习表征后应用聚类的工作,以及同时优化学习和聚类目标的方法。在后处理方式中将深度置信网络(DBN)与非参数最大间隔聚类相结合,首先逐层训练 DBN 以获得数据的中间表示,然后将非参数最大间隔聚类应用于数据表示。在这些方法中,网络被训练以逼近嵌入,然后执行 k-means 或谱聚类来对空间进行分区。也可以使用非负矩阵分解,将给定的数据矩阵表示为组件的乘积。这种深度非负矩阵分解是使用重构损失而不是聚类目标来训练的。尽管如此,证明了层次结构中较低的因子在低级概念上具有优越的聚类性能,而层次结构中较高的因子在高级概念上具有更好的聚类性能。上述方法与本节研究的技术不同,因为本节旨在通过聚类正则化共同学习一种紧凑的表示。与之相关的是利用稀疏编码的方法。王等研究了形成稀疏码的迭代,并使用聚类目标作为损失函数来优化所涉及的参数。他们所提出的框架进一步增加了应用于中间表示的聚类目标,这些聚类目标作为未展开优化中的特征正则化。他们发现,在未展开层次结构中捕捉较低的特征聚集低级概念,而后面层次中的特征则捕捉高级概念。本节方法的不同之处在于使用 CNN 而不是展开稀疏编码优化。在无监督聚类的背景下,利用凝聚聚类作为正则化器,这种方法被公式化为一个循环网络。相比之下,本节采用类似于 k-means 的聚类目标,这极大地简化了优化过程,并且不需要循环过程。此外,本节研究了无监督学习和监督学习。

6.4.3　学习深度简约表示

本节介绍了一种新的基于聚类的正则化方法,它不仅鼓励神经网络学习更紧凑的表示,而且还能使神经网络具有可解释性。本节首先展示了利用表示张量的不同展开方式可以获得多种类型的聚类,每种聚类都具有不同的属性。随后,本节设计了一种高效的在线更新方法,以便同时学习神经网络的参数和聚类。

这种新的基于聚类的正则化方法的主要目的是鼓励神经网络学习更紧凑的表示,并且提高神经网络的可解释性。通常情况下,神经网络的输出很难解释,这使得理解神经网络的决策过程变得非常困难。通过使用聚类的正则化方法,可以将神经网络的输出表示为具有明确含义的聚类。这种方法不仅可以提高神经网络的可解释性,还可以减少过拟合的风险,从而提高神经网络的泛化能力。

这种新的基于聚类的正则化方法的关键在于利用表示张量的不同展开方式来获得多种类型的聚类。通过这种方式可以获得不同类型的聚类,例如基于行、基于列或基于张量的聚类。每种聚类都具有不同的属性,因此可以根据具体情况选择最适合的聚类方式。此外,该方法还设计了一种高效的在线更新方法,以便同时学习神经网络的参数和聚类。这种方法可以在训练过程中动态地更新聚类,并且可以在没有额外计算成本的情况下实现。

这种基于聚类的正则化方法提供了一种新的方式来提高神经网络的可解释性和泛化能力。通过利用表示张量的不同展开方式,可以获得不同类型的聚类,并且通过在线更新方法可以动态地更新聚类。这种方法可以应用于各种类型的神经网络和各种类型的任务中,因此具有广泛的适用性。

6.4.4 基于聚类的正则化方法应用于实体 RE

本节的研究旨在解决在少数民族古籍实体识别任务中遇到的挑战,"中国少数民族古籍总目提要"数据集中包含了大量语言和文化方面的变化。为了迎接这些挑战,本节采用了一系列有效的预处理和优化方法。

具体来说,本书使用"中国少数民族古籍总目提要"数据集作为研究对象,该数据集包含了许多少数民族的古籍文献,涵盖了实体识别任务所需的文本数据。本书遵循数据集中提供的划分方法,并采用常规做法进行预处理,包括使用文本中提供的实体边界框注释来裁剪文本、清洗和标准化处理文本,以去除噪声和不必要的信息,并保证数据的一致性和可靠性。

本节使用在其他数据集上预训练的模型作为基础模型,并微调最后一层以适应实体分类任务。为了进一步提高模型的性能,本节采用了聚类方法来对模型进行优化和精细调整。具体来说,本节根据验证集的结果,设置每层的聚类数为 200,并采用了一些常见的优化策略和技术,如权重衰减和 Dropout 等。本节在每个时期的末尾使用 k-means++算法来替换分配的聚类中心,以保证聚类中心的稳定性。

为评估本节方法的泛化性能,比较了使用本节的聚类方法和其他方法在测试集上的表现,并发现本节的方法比其他方法具有更好的性能和准确性。此外,本节还可视化了聚类结果,以便更好地理解聚类中心的含义和作用,并进一步推进模型的优化和改进。

图 6.3 是"中国少数民族古籍总目提要"数据集上的聚类方法识别案例。

总体来说,本节的研究结果表明,在少数民族古籍实体识别任务中,采用聚类方法可以显著提高模型的性能和准确性。本节的研究为后续的研究和应用提供了有力的支持和参考,并具有一定的推广和应用价值。

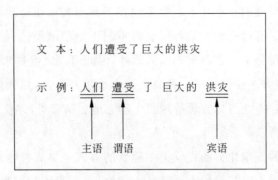

图 6.3　聚类方法识别案例（见彩插）

6.5　基于关系迁移的实体 RE

6.5.1　基于关系迁移的实体 RE 的概念

实体 RE 是一项重要的 NLP 任务，其目标是识别并抽取文本中的实体以及实体之间的关系。基于关系迁移的实体 RE 则是一种新的实体 RE 方法，其主要思想是利用已知的实体关系帮助抽取未知的实体关系。

基于关系迁移的实体 RE 是一种利用已知的实体关系知识来辅助抽取未知实体关系的方法。其基本原理是将已有的实体关系知识应用于抽取过程中，通过迁移学习的方式将已知的实体关系迁移到新的实体关系上。

基于关系迁移的实体 RE 的主要原理是：在大规模的未标注数据中，存在大量的实体对具有丰富的共享属性，例如，所有的"人"都有"名字"和"年龄"等属性，所有的"公司"都有"名称"和"注册地"等属性。这些共享属性在文本中形成了丰富的上下文信息，可以帮助本节理解并抽取实体之间的关系。基于这个原理，基于关系迁移的实体 RE 方法首先识别并抽取出文本中的实体对，然后利用已知的实体关系来预测未知的实体关系。

基于关系迁移的实体 RE 具有以下特点。

（1）利用已有知识：基于关系迁移的 RE 方法通过利用已知的实体关系知识来辅助抽取未知实体关系。这样可以最大程度地利用已有的标注数据和实体关系知识，提高实体 RE 的准确性和效率。

（2）降低标注成本：相比于传统的完全依赖人工标注的方法，基于关系迁移的实体 RE 可以在有限的标注数据下实现更好的性能。通过迁移学习，已有的实体关系知识可以转移到新的实体关系上，从而减少了对新数据集的标注成本。

（3）应对数据稀疏性：在实践中，实体 RE 任务通常受到数据稀疏性的挑战，即某些实体关系的标注数据较少。基于关系迁移的方法可以通过迁移学习，将已有的实体关系知识迁移到数据稀疏的实体关系上,从而提高抽取的性能。

(4)充分利用上下文信息:基于关系迁移的实体 RE 方法通常利用实体的上下文信息来预测实体之间的关系。通过利用实体的共享属性和上下文语境,可以更好地捕捉实体关系的语义和特征。

(5)可扩展性:基于关系迁移的实体 RE 方法通常可以应用于不同类型的实体和关系。一旦建立了初始的实体关系模型,它可以被迁移到新的实体关系任务上,并适应新的实体类型和关系类型。

6.5.2　基于关系迁移的实体 RE 的步骤

基于关系迁移的实体 RE 的方法主要包括以下步骤。

(1)数据收集:收集包含已知实体关系的标注数据集。这些数据集通常由人工标注的实体和它们之间的关系组成。

(2)实体识别:对于给定的文本,使用实体识别技术来标识出其中的实体。实体可以是人物、地点、组织等。

(3)RE:针对已识别的实体,通过 RE 模型抽取它们之间的关系。这个模型可以是传统的机器学习模型,也可以是深度学习模型。

(4)迁移学习:利用已知的实体关系知识对抽取模型进行迁移学习,以将已有的实体关系知识应用于新的实体 RE 中。迁移学习可以通过预训练模型的参数初始化、特征共享等方式实现。

基于关系迁移的实体 RE 的方法有多种,以下是两种常见的方法。

(1)基于迁移学习模型的方法:该方法使用预训练模型,如 BERT 或 GPT,来学习文本中的上下文表示。然后,利用已知实体关系的数据集进行有监督的微调,将模型迁移到新的实体 RE 任务上。通过利用预训练模型的语义表示能力和已知实体关系的知识,可以提高抽取模型的性能。

(2)基于图模型的方法:该方法构建一个实体关系图,其中实体是节点,实体之间的关系是边。利用已知实体关系的数据集作为图的标签,使用图神经网络等方法学习实体之间的关系。通过在图上聚合实体的上下文信息和已知实体关系的知识,可以预测新的实体关系。

总体来说,基于关系迁移的实体 RE 方法通过利用已知实体关系的知识来帮助抽取未知实体关系。这些方法可以提高实体 RE 的性能,尤其在标注数据有限的情况下。

6.5.3　基于关系迁移的实体 RE 的模型结构

基于关系迁移的实体 RE 模型的结构可以有多种形式,以下是一种常见的模型结构示例。

（1）输入表示层：该层用于将输入的文本转换为机器可理解的表示。它通常包括以下组件。

① 词嵌入：将文本中的词语映射为实数向量，可以使用预训练的词向量模型（如Word2Vec、GloVe）或者基于深度学习的模型（如 BERT）进行词嵌入。

② 字符嵌入：将文本中的字符转换为实数向量表示，可以使用字符级的 CNN 或RNN 对字符进行建模。

③ 句子级表示：将词语的向量表示组合为句子的向量表示，可以使用 RNN（如LSTM、GRU）或者自注意力机制（如 Transformer）对句子进行建模。

（2）实体识别层：该层用于识别文本中的实体。可以使用序列标注模型（如CRF）或者基于深度学习的模型（如双向 LSTM、BERT）来预测每个词语是否为实体以及实体的类型。

（3）实体 RE 层：该层用于抽取实体之间的关系。可以使用不同的模型来建模实体之间的关系，常见的方法有以下几种。

① 递归神经网络（RNN）：通过将实体的上下文信息传递给一个递归神经网络，逐步聚合实体之间的上下文信息，从而预测实体关系。

② CNN：利用卷积操作在实体的上下文窗口中提取特征，将提取的特征输入全连接层进行关系分类。

③ 图神经网络（GNN）：将实体和实体之间的关系构建成图结构，利用图神经网络进行实体关系的表示和预测。

④ 预训练模型：如 BERT、GPT 等，通过在大规模语料上进行预训练，学习上下文表示，再进行微调，从而实现实体关系的抽取。

（4）迁移学习层：该层用于将已有的实体关系知识迁移到新的实体关系上。可以通过共享网络结构、参数初始化等方式实现迁移学习，从而利用已有的实体关系知识提升新任务的抽取性能。

需要注意的是，具体的模型结构可能因任务的不同而有所变化，上述仅为一种常见的示例。在实践中，根据具体的应用需求和数据情况，可以设计更加复杂或者灵活的模型结构来进行基于关系迁移的实体 RE。

评估基于关系迁移的实体 RE 的性能通常涉及以下几个步骤和指标。

（1）数据集划分：将已标注的数据集划分为训练集、验证集和测试集。训练集用于模型的参数学习，验证集用于模型的超参数调优，测试集用于评估最终模型性能。

（2）实体 RE 指标：常用的评估指标包括准确率（Accuracy）、精确率（Precision）、召回率（Recall）和 F1 评分。其中，准确率衡量模型预测为正样本中的真正正样本比例，召回率衡量模型成功预测出的正样本比例，F1 评分是精确率和召回率的调和平均数。

（3）基于迁移的性能评估：通常采用迁移学习中的领域适应性方法来评估基于关系迁移的实体 RE 性能。可以将已有的实体 RE 模型在目标任务上进行微调，然后与从零开始训练的模型进行比较。比较的指标可以是模型的准确率、精确率、召回率等。

（4）对比实验：除了迁移学习方法，还可以进行其他实体 RE 方法的对比实验，从而观察基于关系迁移的方法是否能够显著提升性能。比较的方法可以包括传统的机器学习方法（如 SVM、CRF 等）或其他深度学习方法。

（5）超参数调优：针对基于关系迁移的方法，需要进行超参数的调优，如学习率、迭代次数、正则化参数等。可以通过验证集上的性能来选择最佳的超参数配置。

（6）统计显著性检验：为了确定迁移学习方法的性能提升是否显著，可以进行统计显著性检验，如 t 检验、Wilcoxon 秩和检验等，来比较不同方法的性能差异。

需要注意的是，评估基于关系迁移的实体 RE 性能是一个复杂的任务，需要综合考虑数据集质量、模型结构、参数配置等多个因素。在实践中，可以根据具体任务和实验需求灵活选择评估方法和指标。

6.5.4　基于关系迁移的实体 RE 的相关工作

许多实际领域中存在样本间的关系结构，基于关系的迁移要构建源关系域和目标关系域之间关系知识的映射，其假设源域和目标域之间的关系具有共同的规律。Nickel 等借助马尔可夫逻辑网络来发现不同领域之间的关系相似性，从而进行关系的迁移。

迁移学习最初应用在图像领域，近些年被应用到 NLP 领域且逐渐获得了一些较好的成果。本节将主要总结迁移学习在实体抽取和 RE 两方面的研究进展。迁移学习在 NLP 领域通常被称为领域自适应。因为神经网络是领域自适应的基本模型，所以使用梯度下降法在源域和目标域进行模型优化，然后进行迁移是比较容易的。NLP 中的迁移主要有两种方法，分别是参数初始化和多任务学习，在某些情况下可以混合使用，先在源域参数初始化进行预训练，然后在源域和目标域同时进行多任务学习。其中参数初始化有两种方式：参数冻结和参数微调。参数冻结是将源域训练的模型直接应用到目标域，不进行任何修改；参数微调则将源域训练的模型部分层固定，目标域学习剩余的层。当目标数据集规模远小于源数据集时，参数冻结方法更优，反之参数微调方法更优。

迁移学习在 RE 方面的研究取得了不少成果。因缺乏药物-疾病关系的标注数据集，张宏涛分别利用基于样本和特征组的方法进行 RE。基于样本的方法采用 TrAdaboost 算法，对样本权重进行学习调整；基于特征组的方法，在特征级别上对源域中有利于目标域的多个特征进行学习并调整权重。以上两种方法在多个不同数据集上的召回率和 F1 评分相较于基线均有很大提升,同时,基于特征组迁移比基于样本迁移在召回率方面提升了 10% 以上,这是因为基于特征组迁移选取了较为通用的特征,不需要更多领域性的知识,所以通用性更强。在不同领域间进行样本迁移时,由于样本差异,利用 TrAdaboost 算法容易出现负迁移。针对标注语料不足而导致蛋白质交互 RE 性能较差的问题,李丽双等对 TrAdaboost 算法进行了改进,通过调整源域已标注数据集的样本权重,使得模型学习有利于目标域的样本特征,得到了改进算法 DisTrAdaboost,并验证了改进算法的收敛速度和抽取效果明显优于 TrAdaboost,且有效避免了负迁移。在公开数据集 20 Newsgroups 上的实验结果也证明了 DisTrAdaboost 能更好地使用源域数据辅助模型训练,加速收敛。Di 等建立了领域感知的迁移方法,先提取目标域词汇特征,然后初始化实体关系的特征表示,再选取有利于目标域的源域知识库对实体关系表示进行规范、细化与推断,以 DBpedia 作为源域,WikiKBP 和 NYT 作为目标域,重新建立了新的知识库,并优于所有最先进的基线。Jiang 利用源域有标签样本向目标域迁移,因域间关系类型不同,所以选择共享模型权重在域间提取通用特征,然后再通过人工加以实体类型约束信息,学习目标关系类型知识。在 ACE 2004 数据集上的结果表明,将实体类型信息与自动选择通用特征相结合,多任务迁移方法达到了最佳性能。于海涛提出了一种基于 BERT 降噪的实体 RE 模型:为了解决因远程监督产生的噪声问题,通过在外部语料训练 BERT,然后将 BERT 迁移至目标任务进行微调;在 BERT 输出后添加位置增强卷积层处理实体位置信息,弥补预训练任务与 RE 任务的语义鸿沟,获取 BERT 的全局文本表示;同时改进选择性注意力(Selective Attention)机制,设计了时间衰减注意力机制,在训练的过程中按时间衰减机制避免低置信的样本,达到降噪效果,提升了模型的精度,在 NYT-10 和 GIDS 公开数据集上表现出优越的性能。近年来,大多数基于模型迁移的 RE 都与深度神经网络相结合,通过在神经网络中加入领域适配层,然后联合基于特征的迁移进行训练。其中在基于特征迁移时,大都采用特征选择法,从源域和目标域中利用样本迁移估计数据分布,通过数据分布自适应来选择可共享的特征。在低资源条件下进行跨领域迁移时,根据实际情况,可以一对一迁移,也可将多源域迁移至单一目标域。

6.5.5　实验分析

根据本研究使用的数据集,其中包含 45 本经过标注的古籍文本,这些古籍来自《中国少数民族古籍总目提要》。这些古籍包括古代的书籍、文献和手稿,内容涵盖了各个领域的知识、历史事件、文学作品等。本节对数据集中的古籍故事进行了人物、地点、作者、收藏地等十多个实体的标注,以进行实体识别任务的研究。而且,本节对数据集进行了分割和调整,以适应迁移学习的场景。如图 6.4 所示,有 4 个圆圈,人物类

型有两种,分别是成年人和儿童,3 个成年人(a1、a2
和 a3)和一个儿童(c)。有两种类型的边界:成年人
之间不得结婚,如虚线所示;成年人不得是孩子的
父母,如实线所示。考虑涉及两种类型的实体(成人
和儿童)以及两种类型的关系,图 6.4 描绘了具有 3
个成人和 1 个儿童的样本。显然,这些关系(边)是
相互关联的,因为有一个共同孩子的人经常结婚,而
人们很少和自己的孩子结婚。在马尔可夫逻辑中,
本节使用公式来表示这些依赖关系,而不是使用公
式来编码成年人不能娶自己的孩子的规则,本节将

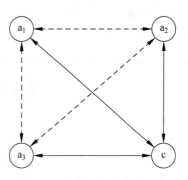

图 6.4　具有 3 个成人和 1 个
儿童的样本示意图

其编码为硬约束到类型系统中。同样,本节只允许成年人成为孩子的父母。因此,在
知识图中有 6 个可能的事实。为了为这个逻辑公式集合 F 创建一个依赖图,本节为
每个可能的事实分配一个二进制随机变量,在图中用菱形表示。

通过将模板化规则应用于一组实体来生成 MRF 图的过程被称为接地或实例化。
图 6.5 中,如果对应的事实出现在接地公式中,则在这些节点之间创建边。完整的依
赖关系图如图 6.6 所示。应该注意到,所得到的图的拓扑结构与原始结构完全不同。
特别地,本节每个可能的图谱边缘都有一个节点,并且这些节点密集连接。

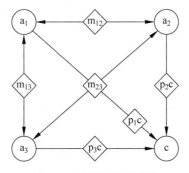

图 6.5　关系构建过程图

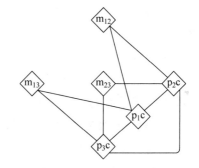

图 6.6　依赖关系图

"中国少数民族古籍总目提要"数据集上的识别案例如图 6.7 所示。

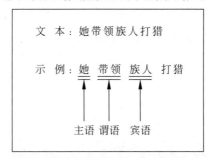

图 6.7　"中国少数民族古籍总目提要"数据集上的识别案例(见彩插)

第 7 章

联合模型的EE

7.1　引言

　　EE 作为信息抽取的重要任务之一,旨在从文本中识别出描述事件的关键要素,如事件类型、触发词、参与实体以及它们之间的关系。然而,由于文本的多样性、复杂性和上下文依赖性,准确地抽取事件信息仍然具有挑战性。

　　近年来,联合模型已经成为 EE 的研究热点之一。联合模型旨在通过同时建模多个 EE 子任务来提高整体的性能和一致性。其中,级联解码联合学习是一种常用的联合模型方法,它通过串行解码的方式,逐个抽取不同的事件要素。这种方法能够将前一个解码任务的输出作为后续解码任务的输入,充分利用事件要素之间的关联性和上下文信息。

　　另外,共享隐藏表示方式是联合模型中的关键技术之一。它通过共享神经网络的隐藏表示层,将不同子任务之间的信息进行交互和传递。这种共享机制可以提高模型的参数共享和表示学习效率,从而提升 EE 的性能。

　　基于转换的神经网络是联合模型中常用的神经网络结构。这种网络结构利用自注意力机制和位置编码来对输入文本进行建模,能够有效捕捉文本中的上下文依赖关系。基于转换的神经网络在 EE 任务中具有良好的表达能力和泛化能力,成为联合模型中的重要组成部分。

　　本章旨在探讨联合模型在 EE 中的应用,重点关注级联解码联合学习方法、共享隐藏表示方式和基于转换的神经网络。通过综合利用上下文信息、学习事件要素之间的关联性,本章期望能够提高 EE 的准确性和稳健性,为自动化的事件信息抽取和分析提供更有效的手段。

7.2　问题引入

　　面对日益增长的大规模文本数据和复杂多变的事件描述,联合模型的 EE 方法仍然面临着一系列的挑战和问题。在级联解码联合学习中,如何确定最优的解码顺序和解码策略,以及如何处理不同子任务之间的错误传播和误差累积,仍然是一个亟待解决的问题。另外,在共享隐藏表示方式中,如何有效地利用共享参数和信息传递机制,以及如何平衡不同子任务之间的权衡和竞争,也是需要探索的方向。

此外,基于转换的神经网络虽然在 EE 中取得了显著的成果,但仍然存在一些限制和挑战。例如,如何处理长距离依赖和长文本序列的建模,以及如何对不同类型的事件进行有效的区分和表示,都是需要进一步研究的问题。

因此,本章面临的关键问题是如何进一步提升联合模型的 EE 性能和稳健性。如何设计更优化的级联解码策略、更有效的共享隐藏表示方式,以及更强大的基于转换的神经网络结构,将是未来研究的重点。通过解决这些问题,本章可以期待未来联合模型不仅可以推动 EE 技术的发展,还可以为信息抽取、智能问答和知识图谱构建等领域提供更高质量和更准确的事件信息,进一步促进 NLP 和人工智能的发展。

7.3　级联解码联合学习的 EE 方法

7.3.1　引言

近年来,随着深度学习的发展,各种基于神经网络的方法在 EE 任务中取得了显著的成果。然而,传统的 EE 方法通常采用独立的标注和解码过程,忽略了事件之间的内在关联性。

为了更好地捕捉事件之间的关联性和上下文信息,近期提出了一种新颖的 EE 方法,即级联解码联合学习。该方法采用联合学习的框架,将 EE 任务分解为多个子任务,并通过级联解码的方式进行协同学习和优化。具体而言,该方法将事件触发词识别、事件类型分类和事件论元识别三个子任务进行联合建模和解码,通过联合学习可以使得子任务之间相互促进、相互纠正,从而提高 EE 的整体性能。

在实际应用中,级联解码联合学习的 EE 方法具有许多潜在优势。首先,通过将 EE 任务分解为多个子任务,可以更好地捕捉事件的不同维度信息,提高模型的表达能力和泛化能力。其次,级联解码的方式可以将子任务之间的关联性建模,有效利用上下文信息,提高 EE 的准确性和一致性。此外,级联解码联合学习方法还具有较好的可解释性,能够更好地理解和解释模型的预测结果。

7.3.2　问题引入

事件抽取是一项关键的信息抽取任务,旨在提取文本中的事件信息。现有的大多数方法都假设事件出现在没有重叠的句子中,这不适用于复杂的重叠事件抽取。为了解决上述问题,本节提出了一种新的用于重叠事件抽取的级联解码联合学习框架,称为 CasEE。特别地,CasEE 顺序执行类型检测、触发提取和自变量提取,其中重叠的目标是以特定的先前预测为条件单独提取的。所有子任务都是在一个框架中联合学习的,以捕获子任务之间的依赖关系。

在事件抽取之外的其他信息抽取任务中也探讨了重叠问题。Luo 利用二分平面纹理网络解决嵌套 NER 问题。Zeng 通过应用具有复制机制的序列到序列范式来解决重叠关系三重提取问题。Wei 和 Yu 用一种新的级联标记策略提取了重叠的关系三元组,这种思路为解决级联解码范式中的重叠事件抽取问题提供了启示。Wang 进一步讨论了级联解码中的传播误差。上述研究都是针对其他任务提出的,由于事件抽取定义复杂,无法直接转移到重叠事件抽取中。

CasEE 通过一个共享的文本编码器和三个解码器实现了事件抽取,用于类型检测、触发器提取和参数提取。为了提取跨事件的重叠目标,CasEE 依次对三个子任务进行解码,根据先前的预测进行触发提取和自变量提取。这种级联解码策略根据不同的条件提取事件元素,从而可以分阶段提取重叠的目标。这种级联解码还设计了一个条件融合函数来显式地对相邻子任务之间的依赖关系进行建模。所有的子任务解码器都是联合学习的,以进一步建立子任务之间的连接,通过下游子任务间的特征级交互来细化共享文本编码器。

本节旨在通过探索有效的子任务分解策略、联合学习和解码策略,希望能够提出一种具有较好性能和泛化能力的 EE 方法,并为 EE 任务的进一步研究和应用提供有益的参考。

7.3.3　模型介绍

级联解码联合学习框架是一种用于解决复杂任务的方法,特别适用于涉及多个子任务且子任务之间存在依赖关系的情况。主要解决 EE 中的重叠问题。

它将 EE 中的重叠问题分为下列三类。

(1) 一个单词在不同事件中充当不同的触发词。

(2) 一个单词在不同事件中充当不同的论元。

(3) 一个单词在同一个事件中充当不同的论元。

在传统的独立解码方法中,每个子任务都被单独处理,忽略了子任务之间的相互影响。而级联解码联合学习框架通过将多个子任务进行联合建模和解码,能够充分利用子任务之间的关联性和上下文信息,从而提高整体任务的性能。

级联解码联合学习框架的核心思想是将复杂任务拆分为多个子任务,并通过级联解码的方式进行协同学习和优化。在级联解码过程中,每个子任务的输出将作为下一个子任务的输入,形成一个串行的解码过程。这种级联的方式能够将不同子任务之间的信息传递和传播,使得每个子任务能够受益于之前子任务的结果,并进一步改善其自身的性能。

在级联解码联合学习框架中,每个子任务可以使用不同的模型或模型组合进行建模。这些模型可以是传统的机器学习模型,也可以是基于深度学习的神经网络模型。每个子任务的模型都会接收前面子任务的输出作为输入,并产生自己的预测结果。这些结果将被传递给下一个子任务进行解码。

级联解码联合学习框架的优势在于能够充分利用子任务之间的依赖关系和上下文信息,提高整体任务的性能。通过联合训练和解码,不同子任务之间能够相互促进、相互纠正,从而改善各个子任务的准确性和一致性。此外,该框架还具有较好的可解释性,能够更好地理解和解释模型的预测结果。

级联解码联合学习框架的工作过程是一个串行的解码过程,涉及多个子任务的协同学习和优化。图7.1是该框架的基本工作过程。

(1)子任务拆分:将复杂的信息抽取任务拆分为多个子任务,如 NER、RE、EE 等。每个子任务专注于抽取特定类型的信息。

(2)特征提取:对于每个子任务,从原始文本中提取适用于该任务的特征表示。这些特征可以是传统的文本特征,如词袋模型或 N-Gram 特征,也可以是基于深度学习的词嵌入或预训练模型提取的特征,如 BERT、GPT 等。

(3)初始解码:从第一个子任务开始,使用相应的模型对其进行初始解码。这可能涉及使用分类模型进行标签预测或序列标注模型进行实体识别等。初始解码的结果将作为下一个子任务的输入。

(4)级联解码:依次对每个子任务进行级联解码。在解码过程中,每个子任务的输出将作为下一个子任务的输入,形成一个串行的解码过程。每个子任务都会根据上下文信息和前一子任务的输出进行预测,并输出其解码结果。

图 7.1 级联解码联合学习框架的基本工作过程

(5)联合优化:在训练阶段,通过联合优化的方式学习每个子任务的模型参数。通常使用反向传播算法,将所有子任务的损失函数进行加权组合,同时更新模型参数。联合优化的目标是最小化整体任务的损失函数,使得每个子任务能够得到更好的训练和优化。

(6)结果传递:在解码阶段,从第一个子任务开始解码,逐个解码每个子任务,直到最后一个子任务完成解码。每个子任务的输出将传递给下一个子任务作为输入,以充分利用子任务之间的关联性和上下文信息。这样，后续的子任务可以根据之前子任务的输出进行更准确的预测和解码。

（7）任务评估：得到每个子任务的输出结果。根据具体任务的要求，可能需要将子任务的结果进行进一步整合和后处理，以得到最终的信息抽取结果。这可能包括合并实体标签、识别实体之间的关系或生成事件结构等。

7.3.4　实验过程

本书采用的数据集是"中国少数民族古籍总目提要"，包含 45 本已经标注好的古籍文本，其中包括古代的书籍、文献和手稿，通常包含了各个领域的知识、历史事件、文学作品等，本书对其中古籍故事中人物、地点、作者、收藏地等十多个信息进行了标注，用于实体识别研究，本书是以 8：1：1 的比例分割数据用于训练/验证/测试，数据集的统计数据如表 7.1 所示。

表 7.1　数据集的统计数据

类　别	重　叠	正　常	句　子	事　件
训练	1560	5625	7185	10 277
验证	205	694	899	1281
测试	210	688	898	1332
全部	1975	7007	8982	12 890

本节遵循传统的评估指标。触发词识别（TI）：如果预测的触发词跨度与标准正确跨度匹配，则正确识别触发词；触发词分类（TC）：如果一个触发词被正确地识别并分配到正确的类型，那么它就被正确地分类；论元识别（AI）：如果论元的事件类型被正确识别，并且预测的论元跨度与标准正确跨度匹配，则正确识别论元；论元分类（Argument Classification，AC）：如果论元被正确识别，预测角色与标准正确角色匹配，则论元被正确分类。

本节采用 PLMEE 的源代码，该源代码中的最佳超参数报告可以在原始文献中找到。为了实现其他基线，本节基于变形金刚库实现代码。所有方法均采用中文 BERT-Base 模型作为文本编码器，该模型有 12 层，包含 768 个隐藏单元和 12 个注意头。对这些方法中常见的超参数使用相同的值，包括优化器、学习率、批处理大小和训练轮次。对于所有超参数，采用网格搜索策略。本节用 Adam 权值衰减优化器训练所有的方法。对于 BERT 参数，初始学习率调整为 $[1e-5,5e-5]$；对于其他参数，初始学习率调整为 $[1e-4,3e-4]$。学习率的热身比例（Warmup Ratio）为 10%，最大训练迭代次数（epoch）设置为 20，批大小设置为 8。对于 CasEE，相对位置嵌入的维度 dp 被调整为 $\{16,32,64\}$。为了避免过拟合，本节将 Dropout 应用于 BERT 隐藏状态，并将速率调为 $[0,1]$。

测试的结果表示如下。

（1）与联合序列标记方法相比，CasEE 在 $F1$ 评分上表现更好。CasEE 在 AC $F1$ 评分上分别比 BERT-CRF 提高 4.5％和比 BERT-CRF-joint 提高 4.3％。此外，由于序列标记方法存在标签冲突，对于多标签 token 只能预测一个标签，CasEE 在评价指标的召回率上有较高的结果。结果证明了 CasEE 在重叠 EE 方面的有效性。

（2）与管道方法相比，本节的方法在 $F1$ 评分上也优于管道方法。结果表明，与 PLMEE 相比，CasEE 在 TC 和 AC 的 $F1$ 评分上分别提高了 3.1％和 2.6％，说明解决了 EE 重叠触发词问题的重要性。尽管基于 MRC 的基线可以抽取重叠的触发词和论元，但 CasEE 仍然取得更好的效果。具体来说，CasEE 相对强基线 MQAEE-2 提高了 4.1％。原因可能是 CasEE 共同学习子任务的文本表示，在子任务之间构建有用的交互和连接。结果表明，CasEE 优于上述管道基线。

为了进一步理解在测试中的表现，本节将原始测试数据分为两组：有重叠元素的句子和没有重叠元素的句子。对于重叠句，如表 7.2 所示，本节的方法明显优于之前的方法。与序列标记方法相比，本节的方法避免了标签冲突，并且与管道方法相比，在子任务之间构建了更有效的特征级连接。

表 7.2　测试中重叠句子的结果

变　量	TI/%	TC/%	AI/%	AC/%
BERT-Softmax	76.5	49.0	56.1	53.5
BERT-CRF	77.9	52.4	61.0	58.4
BERT-CRF-joint	77.8	52.0	58.8	56.8
PLMEE	80.7	66.6	63.2	61.4
MQAEE-1	87.0	73.4	69.4	62.3
MQAEE-2	83.6	70.4	62.1	60.1
MQAEE-3	87.5	73.7	64.3	62.2
CasEE	89.0	74.9	71.5	70.3

如表 7.3 所示，本节的方法在没有重叠事件元素的正常句子上仍然表现出可以接受的结果。序列标记方法在触发词抽取上的结果与其他方法相比并不突出，但在论元抽取上的结果相对更好，其中它们避免了级联解码的潜在传播错误。此外，PLMEE 在触发词抽取上的结果与其他方法相比，并不突出相似，但在论元抽取上的结果相对更好，这可能是因为它在原始文献中对不同的参数角色采用了详细的重加权损失。此外，MQAEE-2 预测更准确的触发词，因为它与类型联合预测触发词，但不幸的是，它忽略了子任务之间的特征级连接，使得论元抽取结果与 CasEE 类似。即便如此，与基准相比，vanilla CasEE 在正常句子上的表现仍然可以接受。下一步的研究拟进一步解决潜在的传播误差，并提高一般 EE 的性能。

表 7.3 测试中正常句子的结果

变　　量	TI/%	TC/%	AI/%	AC/%
BERT-Softmax	86.9	79.9	76.2	74.1
BERT-CRF	88.4	80.8	74.9	72.8
BERT-CRF-joint	86.9.	79.9	76.1	74.0
PLMEE	86.4	79.7	75.7	74.0
MQAEE-1	88.0	78.5	65.1	57.7
MQAEE-2	89.0	82.0	74.2	72.3
MQAEE-3	87.1	77.6	71.3	69.6
CasEE	88.4	80.2	74.0	72.3

经过以上在"中国少数民族古籍总目提要"数据集上的实验表明,本节的模型在重叠 EE 方面优于以前的竞争方法。后续研究工作将进一步解决级联解码范式中潜在的错误传播问题,并提高一般 EE 的性能。

图 7.2 是该模型在"中国少数民族古籍总目提要"数据集上的 EE 案例。

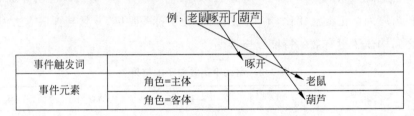

图 7.2 级联解码联合学习模型 EE 案例

7.4 共享隐藏表示方式的 EE 方法

7.4.1 引言

在 NLP 中,EE 是一项重要的任务,它旨在从文本中提取出包含多个实体之间关系的事件信息。随着深度学习技术的发展,联合模型的 EE 方法越来越受到研究者的重视。其中,共享隐藏表示方式的 EE 方法是一种常用的方法,它通过共享隐藏表示来提取文本中的特征,并同时处理实体识别和关系抽取任务。该方法具有参数共享、减少训练时间、提高效率和准确性等优点,因此在 EE 任务中得到了广泛的应用。本节将重点介绍共享隐藏表示方式的 EE 方法,探讨其原理、优点和应用等方面的内容,旨在帮助读者深入了解该方法并在实际应用中取得更好的效果。

7.4.2 问题引入

NLP 中信息抽取的一个重要问题是 EE:理解文本中事件的表达方式并开发识

别此类事件的技术。本节遵循 ACE 2005 数据集 1 的注释指南中对事件的定义：事件由句子中的某些单词触发，并与多个实体关联，扮演事件中不同的角色。EE 是一个具有挑战性的问题，因为它是事件定义不同方面的 3 个子任务的组合。特别是第一个子任务涉及提取出现在句子中的实体指代识别（Entity Mention Detection，EMD），而第二个子任务需要识别事件触发词相关的事件检测（Event Detection，ED）。最后，在第三个子任务中，应识别句子中检测到的实体指代和触发词之间的关系，以反映实体指代在事件中的角色，进行语义角色预测（Argument Role Prediction，ARP）。本节将按照 EMD→ED→ARP 排序的 3 个子任务称为 EE 管道，以方便理解。例如，考虑以下来自"中国少数民族古籍总目提要"数据集的句子，"官吏修复后要求上报"在这个句子中，EMD 系统需要识别"官吏"作为实体指代，"修复后"作为时间表达式。对于 ED，系统应该能够意识到"要求上报"是事件的触发词。最后，在 ARP 中，系统应该将"官吏"识别为角色，将"修复后"作为事件的时间。EE 先前的工作大部分采用简化的方法，只关注一个或两个特定的子任务，要么假定其他子任务的手动/黄金标注，要么简单地忽略它们（即管道方法），例如 Li 研究的方法。这种方法的一个主要问题是误差传播，即来自较早的子任务的错误会继承并放大到后来的子任务中，导致后来的子任务表现不佳。此外，EE 的管道方法没有任何机制来捕捉 3 个子任务之间的依赖关系和交互作用，因此管道中的后续子任务可能会干扰并改善前面子任务的决策过程。此外，较早的子任务只能通过离散输出与后面的子任务通信，并不能够向后面的阶段传递更深的信息以潜在地提高整体性能。考虑一个 EE 系统，其中 EMD 是与 ED 和 ARP 分开进行的。在这个系统中，EMD 模块将单独工作，而 ED 和 ARP 模块无法纠正 EMD 模块之前的错误。同时，通常 EMD 模块只能为 ED 和 ARP 模块提供检测到的实体指代的边界和类型。这样更深层次的信息，如隐含的上下文表示或实体指代的更细粒度的语义分类，不能传递给或影响 ED 和 ARP 模块。这将导致在子任务之间使用信息的低效性，并导致 EE 的性能下降。

因此，设计一个单一的系统同时对三个 EE 子任务进行建模，以避免管道方法中所述的问题，是非常有吸引力的。然而，由于建模复杂性，文献中只有少数工作研究了这种联合建模方法用于 EE。尽管相关研究在一定程度上解决了单个方法存在的相关问题，但它们共同存在一个限制，即二进制特征（即词汇、依赖路径等）是捕捉单个子任务和它们之间的依赖关系/交互作用的主要工具。这些二进制特征的主要问题是无法对未知的词语/特征进行泛化（由于二进制特征的硬匹配）并且具有限制表达 EE 有效隐藏结构的能力，例如 Nguyen。具体来说，这些二进制表示不能充分利用深度学习（DL）模型中不同阶段共享的隐藏表示，这是一种在 Nguyen 中展示的启用子任务间通信的有用机制。为了克服 EE 的先前工作的这些问题，本节提出了一个单一的深度学习模型来共同解决 EE 的三个子任务，即 EMD、ED 和 ARP。具体而言，本节采用

RNN 来诱导句子中单词的共享隐藏表示,通过这些表示预测所有三个子任务(EMD、ED 和 ARP)。一方面,双向 RNN 有助于通过实值表示诱导有效的底层结构,缓解二进制特征的硬匹配问题;另一方面,三个子任务的共享隐藏表示使得子任务之间的知识共享成为可能,因此可以利用子任务的隐藏依赖关系/交互作用来改善 EE 的性能。本节进行了一些实验来评估所提出模型的有效性。实验表明,与传统基线相比,采用深度学习对 EE 的三个子任务进行联合建模具有显著的优势,并在"中国少数民族古籍总目提要"数据集上实现了最先进的性能。

7.4.3 模型

早期的 EE 研究主要集中在采用管道方法,将 EE 的子任务分别处理并且严重依赖于特征工程来提取各种特征。最近的一些研究工作则开发了联合推理模型,用于 ED 和 ARP,以解决管道方法中的误差传播问题。这些工作利用了不同的结构化预测方法,包括马尔可夫逻辑网络、结构化感知器和双重分解。Yang 尝试联合建模 EE 的 EMD、ED 和 ARP。然而,这项工作需要分别找到实体指代和事件触发词候选。此外,它没有像本节中使用深度学习一样采用共享隐藏特征表示。最近的研究表明,深度学习对于 EE 较为成功。在这个方向上的早期工作也基本上采用了管道方法,而一些联合推理的研究也被引入 EE 中。然而,这些研究仅限于联合建模 ED 和 ARP。

本节给出了一种针对 EE 的三个子任务(EMD、ED 和 ARP)在句子级别进行联合建模的方法。假设 $W = w_1, w_2, \cdots, w_n$ 为一个由 n 个单词/标记组成的句子,其中 w_i 为第 i 个标记。为了解决 EMD 问题,本节将其视为一个序列标注问题,试图为 W 中的每个单词 w_i 分配一个标签 e_i。结果是标签序列 $E = e_1, e_2, \cdots, e_n$,可用于揭示句子中实体提的边界和它们的实体类型。本节使用 BIO 注释架构生成句子中单词的 BIO 标签。对于触发器的 ED 任务,假设事件触发词只是句子中的单个单词/标记。这本质上导致了对句子中每个单词的单词分类问题,其中本节需要为 w_i(属于 W)预测一个事件类型 t_i(如果 w_i 不触发任何感兴趣的事件,则 t_i 可以为"其他")。W 中单词的事件类型标签序列表示为 $T = t_1, t_2, \cdots, t_n$。最后,对于事件论元,本节需要识别作为 W 中事件提及的参数的实体指代。然而,在本节的设置中,由于事件指代和触发器没有提前提供,本节实际上需要为句子中每对实体指代候选和触发器候选预测参数角色标签。本节选择实体指代开始标记的索引作为实体指代的单一锚点。这转换为一个参数角色标签矩阵 $\boldsymbol{A} = (a_{ij})_{i,j=1}^{n}$,用于编码 W 中事件的参数信息。在该方阵中,如果满足以下任一条件,则 a_{ij} 设置为"其他":

(1) $i = j$。

(2) w_i 不是 W 中任何事件的触发词。

(3) w_j 不是 W 中任何实体指代的开始标记。否则,如果所有条件都不满足,则

a_{ij} 将是开始标记为 w_j 的实体指代在与触发词为 w_i 相关联的事件指代中具有的参数角色标签。为方便起见,本节将 a_i 表示为矩阵 $\boldsymbol{A}$ 中的第 i 行。在这种编码模式下,本节的模型中 ARP 模块的目标是使用特定于标记 w_i 和 w_j 的上下文来预测 $\boldsymbol{A}$ 中元素 a_{ij} 的标签。本节中 EE 联合模型的整体架构包括 5 个组件,即句子编码、句子表示、实体提取器、触发器分类器和参数角色分类器。前两个组件有助于将输入句子 W 转换为隐藏表示,而后三个组件使用此隐藏表示来进行 EE 的三个子任务(EMD、ED 和 ARP)的预测。

POS 主要用于标记出待处理文本中每个词的词性。在句子编码的第一个组件中,每个单词 $w_i \in W$ 都使用以下向量的连接转换为向量 $\boldsymbol{x}_i$:①向量 $\boldsymbol{x}_i$ 的预训练词嵌入 d_i(Mikolov)。在训练过程中,本节会更新预训练的词嵌入。②二进制向量用于捕获 W 中 w_i 的 POS、块和依存信息(Nguyen)。具体而言,本节首先对输入句子 W 运行一个 POS 标注器、块解析器和依存解析器。然后,本节使用这些结果来收集 w_i 的 POS 标签、块标签(使用 BIO 注释架构)和依赖树中围绕 w_i 的依赖关系。最后,本节创建一个独热向量来表示 w_e 的 POS 标签和块标签,以及一个二进制向量来指示哪些依赖关系围绕 w_i 在依赖树中。

在句子编码步骤之后,输入句子 W 变成了一个向量序列 $\boldsymbol{X} = x_1, x_2, \cdots, x_n$。在句子表示组件中,向量序列 $\boldsymbol{X}$ 被馈送到一个双向 RNN(Cho)中,为 W 中每个单词生成隐藏向量序列 $\boldsymbol{H} = h_1, h_2, \cdots, h_n$。本节中采用门控循环单元(GRU)(Cho)来实现 RNN 模型。研究表明,隐藏向量序列 $h_1, h_2, \cdots, h_n$ 在每个隐藏向量 h_i 中编码了整个句子的丰富上下文信息,用于 EE(Nguyen)。需要注意的是,本节使用 $\boldsymbol{H}$ 作为共享表示来为 EMD、ED 和 ARP 的所有后续组件进行预测。这使得三个子任务之间的通信和知识转移得以实现。为了对 W 进行 EE 解码,本节的目标是联合预测 $\boldsymbol{E}$、$\boldsymbol{T}$ 和 $\boldsymbol{A}$ 中的标签变量。形式上,这相当于估计输入句子 W 的联合概率 $P(\boldsymbol{A}, \boldsymbol{T}, \boldsymbol{E} | W)$。在本节中,将这个概率分解如下,以指导本节的模型架构设计:

$$P(\boldsymbol{A}, \boldsymbol{T}, \boldsymbol{E} | W) = P(\boldsymbol{E} | W) \times P(\boldsymbol{A}, \boldsymbol{T} | \boldsymbol{E}, W)$$
$$= P(\boldsymbol{E} | W) \times P(a_1, t_1 | \boldsymbol{E}, W) \times P(a_2, t_2 | \boldsymbol{E}, W, a < 2, t < 2)$$
$$\cdots$$
$$\times P(a_n, t_n | \boldsymbol{E}, W, a < n, t < n) \tag{7.1}$$

式(7.1)中 a_i 表示参数角色标签矩阵 $\boldsymbol{A}$ 中的第 i 行,$t < i = t_1, t_2, \cdots, t_i - 1, a < i = a_1, a_2, \cdots, a_{n-1}$。基于这种分解,首先在实体提取器组件中为句子中的每个单词预测实体类型标签 e_i(计算 $P(\boldsymbol{E}|W)$ 用于 EMD)。之后,从左到右扫描句子,以估计在触发器和参数预测中步骤/单词 i 处的概率 $P(a_i, t_i | \boldsymbol{E}, W, a < i, t < i)$(即在整体架构的触发器分类器和参数角色分类器中)。本节将描述如何使用隐藏向量 h_i 和词嵌入 d_i 计算这些概率。请注意,对 $P(a_i, t_i | \boldsymbol{E}, W, a < i, t < i)$ 的建模使得可以利用

$a<i$ 和 $t<i$ 的信息来揭示出现在输入句子中的多个事件之间的相互依赖关系,以更好地预测 a_i 和 t_i。在本节中,"标记 w_i 在 W 中的局部上下文 $\boldsymbol{D}_i$"指的是 W 中窗口 u 中单词的词嵌入的连接向量,即 $\boldsymbol{D}_i=[d_{i-u},\cdots,d_i,\cdots,d_{i+u}]$,如果索引超出范围,则填充零向量。

对于实体提取的预测概率 $P(\boldsymbol{E}|W)$,可以分解为

$$P(\boldsymbol{E}\mid W)=P(e_1\mid W)P(e_2\mid W,e<2)\cdots P(e_n\mid W,e<n) \tag{7.2}$$

其中,$e<t=e_1,e_2,\cdots,e_{i-1}$。在本节中,对于每个单词 w_i,本节使用前馈神经网络(FFEMD)来估计 $P(e_i|W,e<i)=\mathrm{FFEMD}(\mathrm{REMD}_i)$,其中 FFEMD 紧随 EMD 中 w_i 的特征表示 REMD_i 后面是一个 Softmax 层,将其转换为 w_i 可能的实体类型标签的概率分布。特征表示 REMD_i 是通过将隐藏向量 $\boldsymbol{h}_i$ 和 w_i 的局部上下文 $\boldsymbol{D}_i$ 连接而成的:$\mathrm{REMD}_i=[\boldsymbol{h}_i,\boldsymbol{D}_i]$。需要注意的是,在 w_i 的 REMD_i 表示中,本节不使用任何关于 w_{i-1} 的实体类型预测信息,因为本节在开发实验中发现这对于本节的联合模型没有效果。然而,这可能会导致孤立标签问题。为了避免这个问题,本节生成了实体类型标签之间的转移得分矩阵,该矩阵惩罚任何转移到 I 标签但不从相应的 B 标签进行的转移。随后,本节使用 Viterbi 解码算法,基于得分 $P(e_i|W,e<i)(1\leqslant i\leqslant n)$ 和生成的转移矩阵(He[12])来找到 W 的最佳预测实体标签序列 $E^P=e_1^p,e_2^p,\cdots,e_n^p$。

一旦 W 中每个单词的实体类型标签被确定,本节继续通过触发器分类器和参数角色分类器组件进行事件触发器和参数预测。如上所述,这一步是从左到右依次完成的。在当前单词/步骤 i,本节试图计算概率 $P(a_i,t_i|\boldsymbol{E},W,a<i,t<i)$ 的分解式:

$$P(a_i,t_i\mid\boldsymbol{E},W,a<i,t<i)=P(t_i\mid\boldsymbol{E},W,a<i,t<i)$$
$$\times P(a_{i1}\mid\boldsymbol{E},W,a<i,t<i+1)$$
$$\times P(a_{i2}\mid\boldsymbol{E},W,a_i,<2,a<i,t<i+1)$$
$$\cdots$$
$$\times P(a_{in}\mid\boldsymbol{E},W,a_i,<n,a<i,t<i+1)$$
$$(a_{i,<j}=a_{i,1},a_{i,2},\cdots,a_{i,j-1}) \tag{7.3}$$

在式(7.3)这个乘积中,$P(t_i|\boldsymbol{E},W,a<i,t<i)$ 用于预测当前单词 w_i 触发的事件类型。需要注意的是,这可以输出"其他"类型,以表示当前单词不是事件触发器。此外,$P(a_{ij}|\boldsymbol{E},W,a_i<j,a<i,t<i+1)$ 预测以 w_j 为开始标记的实体指代在与 w_i(即当前事件提及)相关联的事件指代中扮演的角色。需要注意的是,只有在 w_i 是触发词且 w_j 是句子中某个实体指代的开始标记时,$P(a_{ij}|\boldsymbol{E},W,a_i<j,a<i,t<i+1)$ 才有意义。在其他情况下,本节可以直接跳过 $P(a_{ij}|\boldsymbol{E},W,a_i<j,a<i,t<i+1)$ 的计算。在训练阶段,本节使用黄金实体指代来确定哪些标签是正确的,并将它们作为监督信号用于模型的训练。在测试阶段,本节使用先前预测的实体类型标签来确定哪些标签是正确的,并将它们作为输入,以便预测事件触发器和参数角色。

7.4.4 模型实验表现

本节在"中国少数民族古籍总目提要"数据集上评估了所提出的模型。为确保能公平地进行比较,本节使用与先前 Li 等研究相同的数据拆分方式,其中 40 个文档用于测试集,30 个其他文档保留为开发集,其余 529 个文档组成训练集。本节使用 Stanford CoreNLP 对句子进行预处理(即 POS 标记、分块和依赖关系分析)。预训练的词向量来自 Nguyen。关于超参数,词向量的维度为 300;编码 RNN 中的隐藏单元数为 300;局部上下文窗口 u 为 2。本节使用具有一层 600 个隐藏单元的前馈神经网络来进行 FFEMD、FFED 和 FFARP。小批量大小为 50,而参数范数的 Frobenius 范数为 3。这些值在开发集上给出了最佳结果。对于目标函数中的惩罚系数,本节从开发数据中获得的最佳值为 $\alpha=0.5,\beta=1.0,\gamma=0.5$。最后,在评估预测结果时,本节采用了与先前 Nguyen 等研究相同的正确性标准。

在此评估了所给出的联合模型(称为 EMD-Joint3EE)在 EMD 性能方面的表现。为了比较,本节选择以下基线。

(1) EMD-CRF:这是用于 StagedMaxent 和 Pipelined-Feature 流水线模型中的 EMD 的 CRF 标记器的性能。它是在 Yang 等的研究中实现的。

(2) EMD-Pipelined-DL:这是 Pipelined-DeepLearning 中使用的深度学习 EMD 模块的性能,类似于所提出的模型 Joint3EE 的 EMD 组件,但是与 ED 和 ARP 分别训练。

(3) EMD-Joint-Feature:这对应于 Joint-Feature-Document(Yang 和 Mitchell,2016)中的 EMD 模块,其在基于特征工程的单个模型中与 ED 和 ARP 联合训练。它目前是 EE 设置中 EMD 性能的最新水平。所提出的模型 EMD-Joint3EE 的性能优于 EMD-PipelinedDL。$F1$ 评分绝对提高了 0.8%,显著性 $p<0.05$。其次,EMD-Joint3EE 的性能优于最新的联合模型 EMD-Joint-Feature,$F1$ 评分提高了 0.5%。这些证据证实了通过深度学习联合建模 EMD、ED 和 ARP 以提高整体性能的好处。一个有趣的观察是,Pipelined-Deep-Learning 和 Joint3EE 之间 EMD 性能的差异中等,而与 ARP 性能的差异很大。有几个原因,Pipelined-Deep-Learning 采用了 Nguyen 的论文中用于 ED 和 ARP 的联合模型,该模型仅依赖于手动注释实体指代的离散特征。但是,在本节预测的实体指代的设置中(即仅预测边界和实体类型),这种信息不可用,导致 Pipelined-Deep-Learning 的 ARP 性能较差。对于 Joint3EE 模型,尽管这种离散的细粒度信息并不明确存在,但是在子任务之间共享的隐藏向量 $\boldsymbol{h}_i$ 可以隐含地学习编码该信息,从而弥补信息不足并提高 ARP 性能。

图 7.3 为该模型在"中国少数民族古籍总目提要"数据集上的 EE 案例。

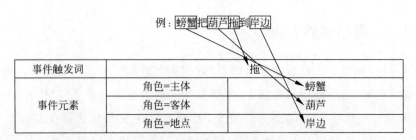

图 7.3　联合模型 EE 案例

7.5　基于转换的神经网络的 EE 方法

7.5.1　引言

事件抽取任务包含子任务,包括实体指代、事件触发器和参数角色的检测。传统的方法将它们作为一个流水线来解决,没有利用任务的相关性来实现它们的互利性。然而,由于技术原因,还没有工作可以预测联合输出结构。为此,本节建立了一个模型,使用基于神经过渡的框架,增量预测复杂关节结构的状态转换过程。

7.5.2　转换系统介绍

为了便于说明,首先给出转换系统中使用的几个符号的定义。

(1) 索引 i 来表示单词 w_i、触发项 t_i 和实体 e_i 在句子中的位置。

(2) 假设元素 ε_i 指代触发器 t_i 或实体 e_i。形式上,转换状态定义为

$$s = (\sigma, \delta, \lambda, e, \beta, T, E, R)$$

其中,σ 是保存已处理元素的栈;δ 是保存暂时从 σ 弹出的元素的队列;其将在将来被推回;e 是存储部分实体提及的栈;并且 β 是保存未处理字的缓冲器;T 和 E 分别被标记为触发弧和实体提及弧;R 是一组参数角色弧;λ 是单个变量,每次保持对元素 ε_j 的一个引用。

(3) A 是用于存储操作历史的堆栈。在状态转换期间,仅在变量 $\lambda(\varepsilon_j)$ 和 $\sigma(\varepsilon_i)$ 的顶部元素之间产生弧。

表 7.4 给出了转移动作的状态变更。其中前 5 个操作用于生成参数角色。特别的,LEFT-PASS$_l$ 在 $\lambda(t_j)$ 和 $\sigma(e_i)$ 之间添加弧,RIGHT-PASS$_l$ 在 $\lambda(e_j)$ 和 $\sigma(t_i)$ 之间添加弧。如果在 $\lambda(\varepsilon_j)$ 和 $\sigma(\varepsilon_i)$ 之间不能分配语义角色,则执行 NO-PASS。需要注意的是,ε_i 可以是 e_i 或 t_i。当 σ 中没有元素时,执行 SHIFT 和 DUAL-SHIFT。为了处理单词是触发器也是实体的第一个单词的情况,DUAL-SHIFT 另外复制 λ 中的触发器单词并将其推送到 β 上。当 λ 为 Null 时,*-PASS 操作是禁止的。DELETE 只是

从 β 弹出顶部单词 w_i。TRIGGER-GEN1 将 w_i 从 β 移动到 λ，添加事件标签 lt。

表 7.4　转移动作的状态变更

转　　移	状　态　变　更
SHIFT	$$\frac{([\sigma|i],\delta,j|\lambda,e,\beta,T,E,R)}{([\sigma|i|\delta|j],[\,],\psi,e,\beta,T,E,R)}$$
DUAL-SHIFT	$$\frac{([\sigma|i],\delta,j|\lambda,e,[\beta],T,E,R)}{([\sigma|i|\delta|j],[\,],\psi,e,[j|\beta],T,E,R)}$$
NO-PASS	$$\frac{([\sigma|i],\delta,j|\lambda,e,\beta,T,E,R)}{(\sigma,[i|\delta],j|\lambda,e,\beta,T,E,R)}$$
LEFT-PASS$_l$	$$\frac{([\sigma|i],\delta,j|\lambda,e,\beta,T,E,R)}{(\sigma,[i|\delta],j|\lambda,e,\beta,T,E,R\cup\{(i\overset{l}{\leftarrow}j)\})}$$
RIGHT-PASS$_l$	$$\frac{([\sigma|i],\delta,j|\lambda,e,\beta,T,E,R)}{(\sigma,[i|\delta],j|\lambda,e,\beta,T,E,R\cup\{(i\overset{l}{\rightarrow}j)\})}$$
DELETE	$$\frac{([\sigma|i],\delta,\lambda,e,[j|\beta],T,E,R)}{([\sigma|i],\delta,\lambda,e,\beta,T,E,R)}$$
TRIGGER-GEN$_l$	$$\frac{([\sigma|i],\delta,\lambda,e,[j|\beta],T,E,R)}{([\sigma|i],\delta,j|\lambda,e,\beta,T\cup\{j\},E,R)}$$
ENTITY-GEN$_l$	$$\frac{([\sigma|i],\delta,\lambda,[j|e],\beta,T,E,R)}{([\sigma|i],\delta,j|\lambda,[j|e],\beta,T,E\cup\{j\},R)}$$
ENTITY-SHIFT	$$\frac{([\sigma|i],\delta,\lambda,e,[j|\beta],T,E,R)}{([\sigma|i],\delta,\lambda,[j|e],\beta,T,E,R)}$$
ENTITY-BACK	$$\frac{([\sigma|i],\delta,\lambda,[j|e],[\beta],T,E,R)}{([\sigma|i],\delta,\lambda,[\,],[e_{\square}|\beta],T,E,R)}$$

最后三个动作用于识别嵌套实体，其中 ENTITY-SHIFT 将最上面的单词 w_i 从 β 移动到 e；ENTITY-GEN$_l$ 将 e 中的所有元素汇总为向量表示，添加实体标签 le，并将表示移动到 λ；ENTITY-BACK 弹出 e 的所有单词，并将除底部单词外的所有单词推回 β。本节发现，这种设计的实体行动可以处理任意类型的嵌套实体，同时保持最低数量的必要的执行步骤。

表 7.5 中列出了转移动作的前提条件。根据 λ 的状态，设计除删除以外的所有动作的前提条件，以按适当的顺序提取三个子任务。例如，如果 λ 不为空，则只允许执行与参数相关的操作。此外，本节还在解码状态下的实体和触发器之间添加了类型约束，使得 Divorce 事件只能与每个实体作用。

表 7.5　转移动作的前提条件

转　　移	前　提　条　件
LEFT- *	$(\lambda\neq\psi)\wedge(\sigma\neq[\,])\wedge(j\in T)\wedge(i\in E)$
RIGHT- *	$(\lambda\neq\psi)\wedge(\sigma\neq[\,])\wedge(j\in E)\wedge(i\in T)$
SHIFT	$(\lambda\neq\psi)\wedge(\sigma=[\,])$
DUAL-SHIFT	$(\lambda\neq\psi)\wedge(\sigma=[\,])\wedge(j\in T)$

转　　移	前 提 条 件
DELETE	$(\exists j \in \beta) \wedge (e = [\,])$
TRIGGER-GEN	$(\lambda = \psi) \wedge (\exists j \in \beta) \wedge (e = [\,]) \wedge (j \notin T)$
ENTITY-SHIFT	$(\lambda = \psi) \wedge (\exists j \in \beta)$
ENTITY-GEN	$(\lambda = \psi) \wedge (e \neq [\,]) \wedge (j \notin E)$
ENTITY-BACK	$(\lambda = \psi) \wedge (e \neq [\,]) \wedge (j \in E)$

7.5.3　基于转换的神经网络模型介绍

基于过渡的神经网络模型是一种用于处理序列数据的神经网络模型,其基本思想是通过一系列的状态转换来捕捉序列中的信息和结构。在 NLP 任务中,基于过渡的神经网络模型常用于处理依赖关系、句法分析、实体和事件抽取等任务。

基于过渡的神经网络模型通常由两部分组成:状态表示和转移系统。

(1) 状态表示:状态表示用于表示序列中的每个元素(如单词、字符等)的语义信息。常见的方法是使用词嵌入或字符级别嵌入来表示每个元素。状态表示可以作为神经网络模型的输入。

(2) 转移系统:转移系统定义了状态之间的转换规则。在每个时间步,根据当前的状态和上下文信息,转移系统决定如何从一个状态转移到另一个状态。转移系统可以是基于规则的传统转移系统,也可以是基于神经网络的模型,如 LSTM 或 CNN。

基于过渡的神经网络模型通过在状态之间进行转换,逐步构建出整个序列的结构和语义信息。模型通过学习序列中的转移规则,可以捕捉到序列中的依赖关系和语义信息,从而实现不同任务的处理,如实体和事件抽取。

基于过渡的神经网络模型在序列建模和序列标注任务中具有广泛的应用,其优点包括能够处理长距离依赖关系、捕捉上下文信息、适应不同长度的序列等。

基于转移的神经网络模型是一种用于句法分析和依存句法分析的神经网络模型。它通过学习一系列的转移操作来构建句子的句法树或依存树。

(1) 状态(state):每个状态对应于句法树或依存树的一个节点。状态包含该节点的特征信息,如对应的词汇、父节点等。

(2) 转移(transition)操作:定义了状态之间的转移,包括 SHIFT、LEFT-ARC、RIGHT-ARC 等。这些转移操作决定如何从一个状态转移到另一个状态。

(3) 神经网络:使用神经网络来预测下一个转移操作。输入包括当前状态的特征和上下文信息,输出是转移操作的预测。常用的神经网络架构包括 RNN 和LSTM。

（4）解码：在推理过程中，通过执行神经网络预测的转移操作序列，可以得到输入句子的句法树或依存树。使用基于栈的解码算法来执行转移操作序列。

（5）损失函数：使用交叉熵损失函数来度量转移操作序列与标注句法树之间的差异。

（6）训练：通过输入句子和对应标注的句法树，计算转移操作序列与标注句法树之间的损失，并使用反向传播算法更新神经网络的参数。

基于转移的神经网络模型通过学习句子的转移规则，可以有效地建模句子的句法结构，并已被成功应用于依存句法分析和语义角色标注等任务中。

在这种模型中，输入是一个句子的词汇序列，每个词汇都经过嵌入表示。模型通过执行一系列的转移操作来构建依赖关系树。每个转移操作都会改变当前的状态，并将系统移动到下一个状态。这些转移操作可以通过神经网络来学习和预测。

常见的基于转移的神经网络模型包括基于 RNN 或 LSTM 的模型。这些模型根据当前状态和上下文信息预测下一步转移操作。通过迭代执行转移操作，模型逐渐构建出句子的依赖关系树。

基于转移的神经网络模型在依存句法分析和语义角色标注等任务中取得了很好的效果。它能够捕捉句子中的结构信息，对句法关系进行建模，为后续的 NLP 任务提供了重要的基础。

基于转换的神经网络模型（Transition-based Neural Network Model）具有以下优势。

（1）端到端学习：基于转换的神经网络模型允许端到端的学习，将输入句子直接映射到输出结果，无须使用复杂的特征工程。这就简化了模型的设计和实现过程。

（2）上下文建模：转换操作通过迭代转移状态，允许模型对上下文进行建模，从而捕捉句子中的依存关系和语义信息。模型可以在处理每个词时根据上下文进行动态调整，提高了对句子结构的建模能力。

（3）高效性：基于转换的方法通常具有较低的时间和空间复杂度。由于转移操作在状态之间进行直接转换，可以减少模型的计算量，从而提高效率。

（4）可解释性：基于转换的神经网络模型可以提供可解释性的转移序列，这使得模型的预测结果更具可理解性。通过观察转移序列，可以了解模型是如何对输入句子进行分析和解释的。

（5）可迁移性：基于转换的神经网络模型通常具有一定的泛化能力，可以适应不同的任务和语言。模型可以通过迁移学习或迁移训练的方式在一个任务上进行训练，然后应用于其他类似的任务，减少了对大量标注数据的依赖。

这些优势使得基于转换的神经网络模型成为一种有效的方法，特别适用于 NLP任务，如依存句法分析、语义角色标注、NER 和 EE 等。

对于基于转换的神经网络模型,在 EE 任务中通常使用以下评估指标来衡量模型的性能。

(1)精确率:精确率用于衡量模型预测的 EE 结果中有多少是正确的。它是预测为正例(即事件存在)的样本中真正是正例的比例。

(2)召回率:召回率用于衡量模型能够正确预测的 EE 结果占总体真实事件的比例。它是所有真实正例中被模型正确预测的比例。

(3)$F1$ 评分:$F1$ 评分是精确率和召回率的加权调和平均值,综合考虑了模型的精确性和全面性。它是精确率和召回率的乘积除以二倍精确率和召回率之和。

(4)触发词识别精确率:在 EE 任务中,触发词是事件的核心,因此衡量模型正确识别触发词的能力是重要的评估指标。

(5)论元识别精确率:论元是与事件相关的实体或属性,衡量模型正确识别论元的能力是衡量 EE 模型性能的重要指标。

除了以上指标,还可以考虑其他一些指标,如标签层面的精确率、召回率和 $F1$ 评分,用于衡量模型对不同事件标签的识别能力。

在评估过程中,可以根据任务的具体要求和数据集的特点选择合适的评估指标。同时,还可以使用交叉验证等方法来更准确地评估模型的性能。

7.5.4 实验结果

本节实验使用"中国少数民族古籍总目提要"数据集,其中包含 45 本已经标注好的古籍文本,其中包括古代的书籍、文献和手稿,以及包含了多个领域的知识、历史事件、文学作品、人物、地点、作者、收藏地等十多类信息进行实验。采用 $F1$ 评分来评估事件抽取的正确性,配对 t 检验用于测量显著性值。在训练细节上,本节在标准开发集上调整所有超参数。采用 Dropout 方法来减轻过拟合,词嵌入率为 0.45,隐藏状态为 0.15。本节使用 Adam 优化器,采用余弦学习速率衰减策略。最大学习率和最小学习率分别为 $1.4e-3$ 和 $1e-4$,重启增加系数为 2。隐藏大小和批大小分别设置为 140 和 32。正则化项设为 $\xi=1e-4$。最后,为了在测试过程中对抗未知的单词,本节用 UNK 嵌入替换单例单词,概率为 0.5。

本节引入了一种用于联合预测嵌套实体、事件触发器的模型,以及它们在事件抽取中的语义角色。该模型与以前的事件抽取方法不同,在多个阶段或单独的任务中检测实体和事件指代,本节的方法捕获实体和事件指代之间的结构依赖关系,通过使用增量从左到右的阅读顺序进行提取。在"中国少数民族古籍总目提要"数据集上的测试结果表明,此模型达到了较为理想的性能。图 7.4 是该模型在"中国少数民族古籍总目提要"数据集上的 EE 案例。

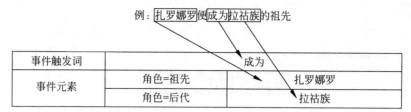

图 7.4　基于转换的神经网络模型 EE 案例

第8章

篇章级的EE

8.1 引言

篇章级 EE 是 NLP 中的重要任务之一,其目标是从一篇或多篇文档中识别出事件及其相关信息,并将它们组织成一个事件链,以便更深入地理解事件的发生和演化。

与传统的句子级 EE 不同,篇章级 EE 需要处理多个句子之间的关系,包括事件触发词的引入、事件的持续和演化,以及事件之间的关联等。因此,篇章级 EE 涉及多个子任务,如事件触发词检测、事件类型分类、论元识别和事件链生成等。

篇章级 EE 在实际应用中有很大的用途,例如新闻报道分析、竞争情报收集、金融风险分析等领域。然而,由于篇章级 EE 任务的复杂性,目前的研究仍处于初步阶段,存在很多挑战和困难。

首先,篇章级 EE 需要处理大量的文本,因此需要高效的算法和计算资源。其次,篇章级 EE 需要处理多个子任务,并且这些子任务之间存在复杂的交互和依赖关系,因此需要设计合理的模型和算法来处理这些关系。此外,篇章级 EE 还需要考虑实体识别、指代消解等问题,这些问题也是篇章级 EE 中需要解决的一部分难点。EE 示例如图 8.1 所示。

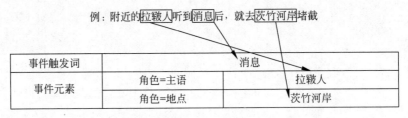

例: 附近的拉鞍人听到消息后, 就去茨竹河岸堵截

事件触发词	消息	
事件元素	角色=主语	拉鞍人
	角色=地点	茨竹河岸

图 8.1　EE 示例

尽管篇章级 EE 存在很多挑战和困难,但随着 NLP 技术的不断发展和研究的深入,相信篇章级 EE 会成为一个重要的研究方向,并为实际应用带来更多的价值。

8.2 问题引入

篇章级 EE 是 NLP 中的一项重要任务,涉及对多篇文档进行事件识别和事件链生成。然而,由于篇章级 EE 任务的复杂性和多样性,目前仍存在许多问题和挑战。

首先,篇章级 EE 需要处理大量的文本数据,包括多篇文档和各种类型的实体、事件等信息。这使得篇章级 EE 的算法和计算资源需求较高,而且需要处理不同领域和不同类型的文本数据,这增加了任务的难度和复杂度。

其次,篇章级 EE 需要处理多个子任务,包括事件触发词检测、事件类型分类、论元识别和事件链生成等。这些子任务之间存在着复杂的交互和依赖关系,需要设计合理的模型和算法来处理这些关系,从而提高 EE 的准确率和召回率。

另外,篇章级 EE 需要考虑实体识别、指代消解等问题。这些问题涉及对文本中的实体进行识别和链接,从而更准确地识别事件和构建事件链。然而,实体识别和指代消解本身也是 NLP 中的难点问题,其准确率和稳健性对篇章级 EE 的影响较大。

最后,由于篇章级 EE 的应用场景多样,如新闻报道分析、竞争情报收集、金融风险分析等,因此需要考虑不同场景下的特殊需求和挑战。例如,在金融领域,需要考虑时间序列的因果关系和风险评估等问题,这使得篇章级 EE 的研究和应用更加复杂和具有挑战性。

综上所述,篇章级 EE 面临着多方面的问题和挑战,需要在算法、模型、数据和应用等方面进行深入研究和探索。

8.3 中心语引导的篇章级 EE

8.3.1 引言

篇章级 EE 是 NLP 中一个重要的任务,其目的是从一段文本中识别出描述某个事件的句子,并从中提取出事件的主要信息。在这个任务中,中心语是一个非常重要的概念,因为它可以帮助确定一个句子中最重要的词汇,并且在 EE 时起到关键的作用。

中心语指一个句子中最重要的词汇,它通常是一个动词、名词或形容词。在篇章级 EE 中,可以利用中心语来确定一个句子中所描述的事件,并从中提取出事件的关键信息。具体来说,可以通过分析中心语的语义角色和语境信息来识别出事件的参与者、时间、地点等信息。

为了实现中心语引导的篇章级 EE,需要使用一些 NLP 技术,例如句法分析和语义角色标注。句法分析可以识别出句子中各个成分之间的关系,从而确定中心语。而语义角色标注则可以识别出句子中各个成分所扮演的角色,从而提取出与事件相关的信息。

总之,中心语引导的篇章级 EE 是一个非常有挑战性的任务,但它对于 NLP 的应用具有重要的价值。通过利用中心语和其他 NLP 技术,可以从大量的文本数据中提取出有用的信息,并且为机器理解自然语言提供更加准确和全面的基础。

8.3.2 相关工作

目前的情感表达方法主要分为统计方法、基于模式的方法和混合方法。统计方法可分为两大类:基于特征提取工程的传统机器学习算法和基于自动特征提取的神经网络算法。基于模式的方法在工业中常用,因为它能达到较高的准确率,但召回率较低。为了提高查全率,目前主要有两个研究方向:构建相对完整的模式库和采用半自动方法构建触发器字典。混合事件抽取方法将统计方法和基于模式的方法结合在一起。

8.3.3 方法

杨航等提出的 DCFEE(文档级中文金融事件抽取)框架的架构,主要包括以下两部分。

(1) 数据生成。利用 DS(远程监督)自动标记整个文档(文档级数据)中的事件指代,并从事件提及(句子级数据)中注释触发词和参数(论元)。

(2) EE 系统。包含句子级事件抽取(SEE)和文档级事件抽取(DEE)。句子级事件抽取由句子级标注数据支撑,文档级事件抽取由文档级标注数据支持。

1. 数据生成

下面将首先介绍使用的数据源(结构化数据和非结构化数据),然后描述自动标注数据的方法,最后,将介绍两种可用于提高标记数据质量的提示。第一种是数据源提示。自动生成数据需要两种类型的数据资源,其中包含大量结构化事件数据的知识数据库和包含事件信息的非结构化文本数据。第二种是数据生成方法提示。注释数据由两部分组成:通过标记事件提及中的事件触发器和事件参数而生成的句子级数据;通过标记文档级公告中的事件提及而生成的文档级数据。现在的问题是如何触发事件。与结构化事件知识数据库对应的事件参数和事件引用是从大量的参考文献中总结出来的。DS 在关系抽取和事件抽取自动标记数据方面的有效性已经被证明。受DS 的启发,假设一个句子包含最多的事件参数,并且由一个特殊的触发器驱动,很可能是一个公告中提到的事件。而在事件抽取中发生的争论很可能在事件中扮演相应的角色。因此,可以通过查询预先确定的字典来自动标记触发词。通过这些预处理,可以将结构化数据映射到公告中的事件参数中。因此,可以自动识别事件提及,并标记事件触发器和其中包含的事件参数,以生成句子级数据。然后,将事件提及自动标记为正示例,将公告中的其余句子标记为负示例,构成文档级数据。文档级数据和句子级数据共同构成了情感表达系统所需的训练数据。

2．EE 系统

EE 系统的总体架构主要由以下两部分组成：SEE 和 DEE。

SEE 是 NLP 领域的一个重要任务,其目的是从给定的文本句子中识别并提取出特定的事件信息。事件抽取可以更好地理解文本中的关键信息,并且可以应用于多个领域,如新闻摘要、信息检索、知识图谱构建等。

在 SEE 中,需要关注以下几方面的信息。

(1) 事件触发词是表示事件发生的关键词,通常是一个动词或名词。

(2) 事件参与者是与事件直接相关的实体,如人、地点、组织等。

(3) 事件类型是对事件的分类标签,如政治事件、经济事件等。

(4) 事件属性是对事件的额外描述,如时间、地点、原因等。

SEE 的主要挑战包括：第一,语言歧义,文本中可能存在多义词、隐含信息等,导致事件抽取变得困难；第二,句子结构复杂,事件的触发词和参与者可能被长篇幅的修饰语、从句等包围,需要正确地解析句子结构才能提取事件；第三,类别不平衡,某些类型的事件在文本中出现的频率较低,导致训练数据不均衡,影响模型性能。

为解决这些挑战,研究者们提出了多种方法进行 SEE 研究。第一种是基于规则的方法,通过设计一系列手工规则来提取事件信息。这种方法易于理解和实现,但难以处理复杂和多样的文本数据。第二种是有监督学习方法,使用已标注的数据集训练模型以自动提取事件,这种方法具有较好的泛化能力,但需要大量地标注数据。第三种是无监督和弱监督学习方法,利用未标注或弱标注的数据来训练事件抽取模型,降低标注成本,然而,这种方法的性能通常不如有监督学习方法。第四种是基于 PLMs 的方法,如 BERT、GPT 等预训练模型在 NLP 任务上取得了显著的成果。通过在大规模文本数据上进行预训练,这些模型可以学习到丰富的语言知识,进而提高事件抽取的性能。

总之,SEE 是一项重要的 NLP 任务,涉及识别事件触发词、事件参与者、事件类型和属性等信息。为了提高事件抽取的性能,研究者们采用了各种方法,包括基于规则的方法、有监督学习方法、无监督和弱监督学习方法,以及基于 PLMs 的方法。

DEE 由两部分组成：一个是旨在发现文档中提到的事件的关键事件检测模型,

另一个是参数完成策略,旨在填充缺失的事件参数。关键事件检测指从单个文档中提取出与特定事件相关的关键信息的过程。这些事件可以是自然灾害、政治事件、经济变化等,而关键信息则可以是事件的时间、地点、涉及的人物、组织机构、行为等。参数完成策略指获得了 DEE 包含大部分事件参数的关键事件,以及 SEE 对文档中每个句子的事件抽取结果。为了获得完整的事件信息,使用了参数补全策略,它可以自动从周围的句子中填充缺失的事件参数。DEE 的主要目标是从整个文档中识别并提取具有特定结构的事件。相较于 SEE,DEE 需要在更大的语境范围内考虑实体和事件之间的关系,因此任务难度更高。DEE 在知识图谱构建、信息检索、新闻事件分析等应用场景中具有重要价值。DEE 的主要子任务包括以下几个。

(1)事件触发词识别。在整个文档范围内识别表示事件发生的关键词,通常为动词或名词短语。

(2)事件论元识别。识别与事件触发词相关的实体,例如主体、客体、时间、地点等,并确定它们在事件中的角色。

(3)事件类型分类。根据事件触发词和论元的关系,将事件归类到预定义的类型中。

为了解决 DEE 任务,研究者们主要采用以下方法。

(1)基于规则的方法。这类方法主要依赖预先定义的规则模板来识别事件触发词和事件论元。规则可以基于词汇、语法、句法等信息进行构建。然而,由于自然语言的复杂性,基于规则的方法在处理多样性和灵活性方面受到限制。

(2)基于特征的方法。这类方法将事件抽取任务转换为一个监督学习问题,并通过人工标注的数据集进行训练。研究者们通过设计各种特征,如词性、句法关系等来表示文档中的词汇和结构信息。然后,使用机器学习算法(如 SVM、决策树等)进行模型训练。

(3)基于神经网络的方法。随着深度学习技术的发展,神经网络模型(如 CNN、RNN、Transformer 等)在事件抽取任务中取得了显著的效果。这些模型可以自动学习文档中的语义和结构信息,无须手动设计复杂的特征。DEE 中的神经网络模型通常需要处理长距离依赖和跨句关系,因此研究者们提出了各种结构化的神经网络模型。近年来,PLMs 在 NLP 上取得了突破性进展。这些模型通过对大量无标注文本进行预训练,学习到丰富的语言知识,然后在下游任务(如 DEE)上进行微调。PLMs 已经成为 DEE 任务的主流方法。总之,DEE 在 NLP 领域具有重要价值。针对这一任务,研究者们不断探索新的方法和技术,以提升模型在处理实际文档中多样性和复杂性方面的能力。

8.3.4 实验结果

本次实验采用"中国少数民族古籍总目提要"数据集进行实验,将数据集按 7∶3

的比例分成训练集与测试集,在训练集上进行训练,在测试集上进行预测,用 DCFEE 系统和基于模式方法的系统来实现中心语引导的篇章级 EE。

关系抽取示例如图 8.2 所示。

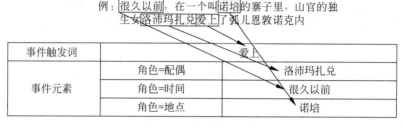

图 8.2　关系抽取示例

使用精确率、召回率和 $F1$ 评分来评估 DCFEE 系统和基于模式方法的系统,两个系统的性能如表 8.1 所示。

表 8.1　两个系统的性能

系　　　统	精　确　率	召　回　率	$F1$ 评分
DCFEE 系统	0.76	0.72	0.72
基于模式方法的系统	0.62	0.74	0.67

从表 8.1 中可以看出,DCFEE 系统在"中国少数民族古籍总目提要"数据集上的精确率和 $F1$ 评分都比基于模式方法的系统高,但召回率稍低一些。这表明 DCFEE 系统能够更精确地识别事件,但可能会漏掉一些事件。此外,基于模式方法的系统具有更高的查全率,但可能存在更多误报,需要根据具体应用场景选择适合的系统。

8.3.5　比较

DCFEE 系统和基于模式方法的系统都是 EE 领域中常用的技术,它们的主要区别在于其实现方式和特点。

DCFEE 系统是基于深度学习的 EE 系统,其核心是使用深度学习模型来自动从文本中提取事件信息。DCFEE 系统通常使用神经网络来学习事件识别任务,并能够根据不同领域的数据集进行训练,以提高其事件识别能力。DCFEE 系统的优点是可以自动学习特征并进行端到端的训练,因此在复杂的语境和噪声环境下表现良好。然而,该系统需要大量的训练数据来达到最佳性能。

基于模式方法的系统是一种基于规则和模式匹配的 EE 系统,其核心是使用预定义的规则和模式来从文本中抽取事件信息。这些规则和模式通常是由人工定义的,并且需要针对特定领域进行调整和优化。基于模式方法的系统的优点是可以有效地处理特定领域的事件识别任务,并且不需要大量的训练数据。然而,该系统的性能通常受到预定义规则和模式的限制,因此在复杂的语境和噪声环境下的表现可能不如 DCFEE 系统。

总体来说,DCFEE 系统和基于模式方法的系统各有优劣,需要根据具体应用场景来选择合适的系统。对于大规模的、复杂的事件识别任务,DCFEE 系统通常更为适合;而对于特定领域的事件识别任务,基于模式方法的系统则更为适合。

8.4 跨句论元抽取的篇章级 EE

8.4.1 引言

文档级模板填充是信息抽取和 NLP 中的经典问题。它对于自动化许多现实任务非常重要,例如从新闻稿中抽取事件。通常,完整的任务分为两个步骤。第一步是在文章中检测事件并为每个事件分配模板(模板识别);第二步是执行角色填充实体提取以填充模板。在这项工作中,专注于模板填充的角色填充实体抽取子任务。输入文本描述了一次具体事件(如一次爆炸事件),目标是通过抽取描述性的"指代"字符串来识别填充与事件相关联的任何角色的实体。

与 SEE 相比,文档级 REE(角色填充实体抽取)引入了一些复杂性。首先,即使角色填充实体从未出现在事件触发器所在的句子中,也必须提取它们。此外,REE 最终是一个基于实体的任务,即使实体在与事件相关的多个时候被引用,也应该抽取每个角色填充的一个描述性提及。由于这些复杂性,目前主导文献的端到端 SEE 模型不适用于 REE 任务,这需要对信息进行编码并跟踪更长上下文的模型。

幸运的是,已经开发出具有建模适应更长上下文篇幅能力的事件抽取的神经网络模型。例如,扩展了标准的上下文化表示,以生成用于事件参数抽取的文档级序列标记模型。这两种方法在事件抽取上显示出比句子级模型更好的性能。遗憾的是,由于这些方法(以及大多数句子级方法)独立处理每个候选的角色填充预测,因此它们无法轻松地建模所需的指代结构,以限制不必要的角色填充提及的提取。它们也无法轻松地利用个人肇事者和他们所属的组织等紧密相关角色之间的语义依赖关系,这些角色可以共享同一实体跨度的一部分。

本研究针对文档级角色填充实体抽取问题,运用表示指令调整(Gradual Resizing of Input Tokens)方法,引入端到端生成式变换器模型。

(1) GRIT 的设计目的是在文档级别建模上下文,具备以下能力:可以在句子边界上进行决策提取;隐式地意识到名词短语的指代结构;关注跨角色依赖关系。具体而言,GRIT 是基于预训练的变换器模型(BERT)构建的,在解码器中添加了一个指针选择模块,以便访问整个输入文档,并添加了一个生成式头部来建模文档级的提取决策。尽管增加了提取能力,但 GRIT 除了预训练的 BERT 中的参数外,不需要额外的参数。

(2)为衡量模型既能够提取每个角色的实体,又能够隐式识别实体指代之间的指代关系,设计一个基于最大二分匹配算法的度量标准 CEAF-REE,借鉴了 CEAF 的共指消解度量。

(3)在"中国少数民族古籍总目提要"数据集的 REE 任务上对 GRIT 进行了评估。实证上,本模型的表现优于强基准模型。还展示了 GRIT 在捕捉对任务至关重要的语言属性方面优于现有的文档级事件抽取方法,包括实体指代之间的指代关系和跨角色提取依赖关系。

8.4.2 相关工作

句子级别的事件抽取中大部分的事件抽取工作都集中在 ACE 句子级别事件任务上,该任务要求从单个句子中检测事件触发词并提取其论元。

文档级信息抽取近期的工作已经在文档级别探索了事件角色填充提及的抽取,使用手工设计的特征进行局部和附加上下文的建模,并使用基于上下文的预训练表示的端到端序列标注模型。这些努力与本节工作最相关。主要区别在于,本节工作关注的是更具挑战性和更现实的设置:提取角色-填充实体而不是未按关联实体进行分组的角色-填充提及列表。

最近,跨句子/文档级别 RE 引起了越来越多的关注。而本节工作关注的是实体级别的抽取。通过生成建模设置,GRIT 模型在训练过程中可以隐式捕捉名词短语之间的(非)共指关系,而不依赖于跨句子的共指和关系注释。

作为具有共享编码器和解码器模块的神经网络生成式模型——GRIT 模型使用一个共享的变换器模块作为编码器和解码器,这是简单而有效的。

8.4.3 角色填充实体提取任务和评估指标

基于"中国少数民族古籍总目提要"数据集进行角色填充实体提取任务。具体而言,假设每个文档应生成一个通用模板:对于描述多个事件的文档,每个事件抽取的角色填充实体将合并为一个单一的事件模板。其次,关注基于实体的角色,填充为基于字符串的实体。

(1)每个事件由描述该事件的一组角色组成。

(2)每个角色由一个或多个实体填充。

(3)每个角色-填充实体由单个描述性指代表示,即输入文档中的一段文本。由于输入中可能出现多个这样的指代,因此黄金标准模板列出了所有替代项,但系统需要仅生成一个。

借鉴指代消解文献中基于实体相似度的评估算法,如 CEAF(Constrains Entity Aligned F-Measure,约束实体对齐的下一度量),设计了一个衡量模型在文档级角色填充实体提取任务上性能的指标 CEAF-REE。它基于最大二分匹配算法,其基本思想是,对于每个角色,该指标通过将黄金和预测实体进行对齐计算,且预测的(黄金的)实体最多与一个黄金的(预测的)实体对齐。因此,若不识别共指指代并将其用于不同实体的系统,那么将在精度得分上受到惩罚。

8.4.4 将 REE 作为序列生成任务

为更好地建模跨角色依赖和跨句子名词短语共指结构,将文档级 REE 视为序列到序列的任务。首先将任务定义转换为源序列和目标序列。

源序列简单地由原始文档的标记组成,前面附加了一个"分类"标记,并在后面附加了一个分隔符标记。目标序列是每个角色的目标提取的连接,由分隔符标记分隔。对于每个角色,目标提取包括第一个提及的开始(b)和结束(e)标记:

$$\langle S \rangle e_{1_b}^{(1)}, e_{1_e}^{(1)}, \cdots, [\mathrm{SEP}]$$

$$e_{1_b}^{(2)}, e_{1_e}^{(2)}, \cdots, [\mathrm{SEP}]$$

$$e_{1_b}^{(3)}, e_{1_e}^{(3)}, e_{2_b}^{(3)}, e_{2_e}^{(3)} \cdots, [\mathrm{SEP}] \tag{8.1}$$

式(8.1)中为所有示例固定了角色的顺序,此后,用 $x_0, x_1, \cdots, x_m$ 表示生成的源标记序列,用 $y\_0, y\_1, \cdots, y\_n$ 及 $y0, y1, \cdots, yn$ 表示目标标记序列。

8.4.5 GRIT 模型

GRIT 模型由两部分组成:编码器(左侧)用于源标记,解码器(右侧)用于目标标记。此处不使用具有独立模块的序列到序列学习架构,而是对两部分都使用单个预训练的 Transformer 模型,并且不引入额外的微调参数。

(1) 指针嵌入。

模型的第一个变化是确保解码器知道其先前预测在源文档中的位置,称为"指针嵌入"方法。与 BERT 类似,模型的输入由标记、位置和片段嵌入的和组成。但是,对于位置,使用相应源标记的位置。有趣的是,此处没有使用任何明确的目标位置嵌入,而是使用[SEP]标记分隔每个角色。经验证明,模型能够利用这些分隔符学习哪个角色需要填充以及哪些提及填充了先前的角色。

本编码器的嵌入层使用标准的 BERT 嵌入层,应用于源文档标记。为了表示源标记和目标标记之间的边界,对源标记使用序列 A(第一序列)片段嵌入,对目标标记使用序列 B(第二序列)片段嵌入。将源文档标记通过编码器的嵌入层得到它们的嵌

入 $x_0, x_1, \cdots, x_m$；将目标标记 $y_0, y_1, \cdots, y_n$ 通过解码器的嵌入层得到 y_0, $y_1, \cdots, y_n$。

（2）BERT 作为编码器/解码器。

使用一个 BERT 模型作为源和目标嵌入。为了区分编码器/解码器表示，在解码器侧提供了一个部分因果注意力掩码。

提供了一个注意力掩码的示例，表示为 m 的二维矩阵。对于源标记，掩码允许完全源自注意力，但屏蔽所有目标标记。

对于 $i \in \{0, 1, \cdots, m\}$，有：

$$M_{i,j} = \begin{cases} 1, & 0 \leqslant j \leqslant m \\ 0 \end{cases} \tag{8.2}$$

对于目标标记，为了保证解码器是自回归的（当前标记不应注意未来的标记），在式（8.2）中使用了一种因果屏蔽策略。假设将目标标记连接到源标记（下面提到的联合序列），对于 $i \in \{m+1, \cdots, n\}$，有：

$$M_{i,j} = \begin{cases} 1, & 0 \leqslant j \leqslant m \\ 1, & j > m \text{ 且 } j \leqslant i \\ 0 \end{cases} \tag{8.3}$$

将源标记的嵌入序列 $(x_0, x_1, \cdots, x_m)$ 和目标标记的嵌入序列 $(y_0, y_1, \cdots, y_n)$ 传递给 BERT，得到它们的上下文表示为

$$\hat{x}_0, \hat{x}_1, \cdots, \hat{x}_m, \hat{y}_0, \hat{y}_1, \cdots, \hat{y}_n = \text{BERT}(x_0, x_1, \cdots, x_m, y_0, y_1, \cdots, y_n) \tag{8.4}$$

（3）指针解码。

对于最后一层，用简单的指针选择机制替换了单词预测。对于目标时间步 $t (0 \leqslant t \leqslant n)$，首先计算 $\hat{y}_t$ 与 $\hat{x}_0, \hat{x}_1, \cdots, \hat{x}_m$ 的点积为

$$z_0, z_1, \cdots, z_m = \hat{y}_t \cdot \hat{x}_0, \hat{y}_t \cdot \hat{x}_1, \cdots, \hat{y}_t \cdot \hat{x}_m \tag{8.5}$$

然后在式（8.5）中对 $z_0, z_1, \cdots, z_m$ 应用 Softmax 函数，得到指向每个源标记的概率为

$$p_0, p_1, \cdots, p_m = \text{Softmax}(z_0, z_1, \cdots, z_m) \tag{8.6}$$

其中，测试预测使用贪婪解码。在每个时间步 t，应用 argmax 找到具有最高概率的源标记。将预测的标记添加到目标序列中，作为下一个时间步 $t+1$ 的输入，同时附带其指针嵌入。当预测第 5 个[SEP]标记时停止解码，表示最后一个角色的提取结束。

此外，添加了以下解码约束。

（1）调整生成[SEP]的概率。通过这样做，鼓励模型指向其他源标记，从而为每个角色提取更多实体，这有助于增加召回率（将调整权重的超参数设置为 0.01，即对于[SEP]标记 $p = 0.01p$）。

（2）确保标记位置从开始标记到结束标记递增。在解码每个角色的标记时，可以

知道提及的跨度应满足这个属性。因此,在解码过程中消除了那些无效的选择。

8.4.6　实验设置及结果

实验抽取示例如图 8.3 所示。

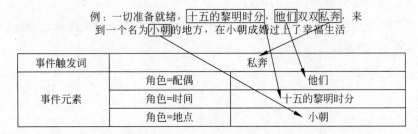

图 8.3　实验抽取示例

在"中国少数民族古籍总目提要"数据集上评估了它们的 GRIT 模型。评估指标采用 CEAF-REE,用于计算所有事件角色的精确率、召回率和 $F1$ 评分,如表 8.2 所示。

表 8.2　每个角色的 CEAF-REE 分数

事件角色	蒙古族			傣族			朝鲜族			哈萨克族		
	精确率	召回率	$F1$评分	精确率	召回率	$F1$评分	精确率	召回率	$F1$评分	精确率	召回率	$F1$评分
NST	48.96	32.39	38.61	60.70	43.00	50.90	54.94	52.93	53.96	62.16	63.83	62.50
DYGIE++	59.06	34.32	43.49	56.15	34.42	42.00	53.74	50.08	52.49	60.32	66.00	63.00
GRIT	65.55	39.48	49.48	66.68	42.85	51.04	55.12	44.9	48.02	76.05	61.84	67.32

此外,为更详细地了解性能,对每个角色的计算结果汇总,微平均结果如表 8.3 所示。

表 8.3　微平均结果

方法与模型	精确率	召回率	$F1$评分
CohesionExtract	58.38	39.53	47.11
NST	56.33	48.21	52.41
DYGIE++	57.02	46.52	52.19
GRIT	64.25	47.59	54.36

在训练过程中,使用角色-填充实体的第一次出现作为训练信号,而不使用其他备选信息作为训练信号。与 GRIT 模型进行比较的基线包括 CohesionExtract 方法、NST 模型和 DYGIE++模型。CohesionExtract 是一种自底向上的事件抽取方法,首先确定候选的角色-填充实体,然后剪枝不在事件相关句子中的候选实体。Du 和 Cardie 提出了使用上下文表示的神经序列标注(NST)模型,使用 BIO 标记方案来识别每个角色-填充实体的第一次提及及其类型。DYGIE++是一种基于跨度枚举的

实体、关系和事件抽取模型。该模型列举文档中的所有可能跨度,并将跨度的起始和结束标记的表示进行拼接,然后通过分类器层预测跨度是否表示特定的角色-填充实体及其角色。NST 模型和 DYGIE++模型都是端到端的,并使用经过微调的 BERT 上下文表示进行训练。通过训练将它们用于识别每个角色-填充实体的第一次提及。

另外,还提到了基于无监督事件模式归纳的方法,但由于它们与有监督模型相比表现较差,因此没有进行比较。此外,还尝试了 GRIT 模型的一种变体,该变体使用多个[SEP]标记作为不同角色抽取的结束标记,但发现其性能没有改进。

表 8.2 中比较了各个事件角色的性能分数。可以看到以下情况:

(1) GRIT 模型在各个角色上实现了最佳的精确率。

(2) 对于包含更多人名实体的角色,GRIT 模型明显优于基准模型。

(3) 对于傣族角色,GRIT 模型精确率更高,但召回率较低,比起神经序列标记模型可获得更好的 F1 评分。

(4) 对于朝鲜族和回族角色,GRIT 模型更加保守(召回率较低),并且实现了较低的 F1 评分。其中一个可能的原因是,对于像朝鲜族这样的角色,平均而言存在更多的实体(尽管每个实体只有一个提及),GRIT 模型很难以生成方式正确解码出许多朝鲜族实体。

表 8.3 中给出了测试集上的微平均性能。可以观察到,GRIT 模型在精确率和 F1 评分方面明显优于基准抽取模型,相较于 DYGIE++,精确率提高了超过 5%。

通过重新审视文档级角色-填充实体提取这一经典而具有挑战性的问题,发现仍有改进的空间。引入一种有效的基于 Transformer 的端到端生成模型,该模型学习文档表示并编码了角色-填充实体之间以及事件角色之间的依赖关系。它在任务上优于基线模型,并更好地捕捉了共指语言现象。未来,探索如何使模型能够进行模板识别也将是一个有意义的研究方向。

8.5 多粒度阅读的篇章级 EE

8.5.1 引言

在事件抽取文献中很少有超越单个句子来做出提取决策的作品。当识别事件参数所需的信息分布在多个句子中时,这就出现了问题。文档级事件抽取是一项艰巨的任务,因为它需要更大的上下文视图来确定哪些文本范围对应于事件角色填充符。篇章集事件抽取的目标是识别预先指定类型的事件及其特定于事件角色的参数。完整的篇章级抽取问题一般用角色填充抽取、名词短语共指解析和时间跟踪等方法。在识别文本中描述的每个事件的角色填充符时需要句子级别的理解和对上下文的准确解释。篇章级提取示例如图 8.4 所示。

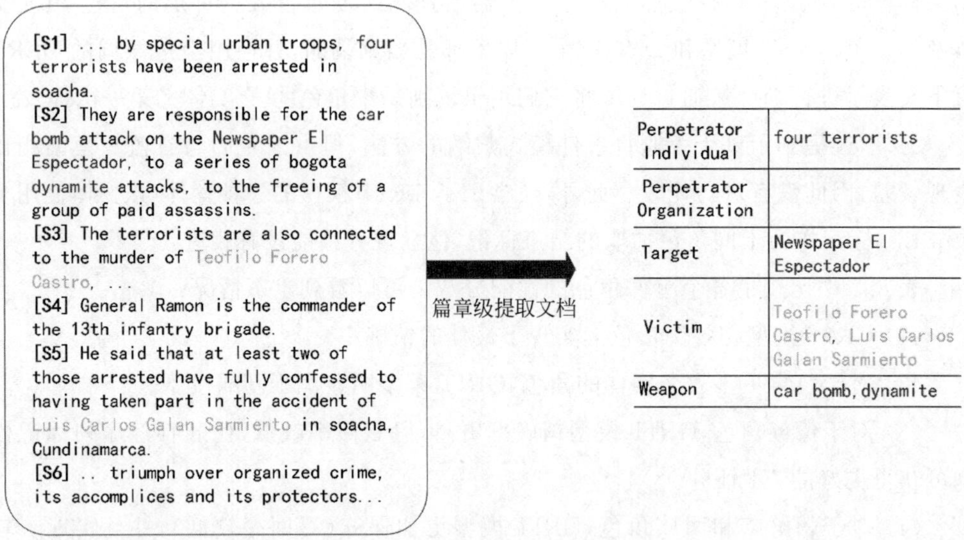

图 8.4　篇章级提取示例（见彩插）

本节首先研究端到端神经序列模型（具有预先训练的语言模型表示）如何在文档级角色填充提取上执行，以及捕获的上下文长度如何影响模型的性能。神经端到端模型已被证明在句子级信息上进行抽取任务，如 NER 和 ACE 类型的句子内事件抽取。然而，之前的工作没有研究过篇章级的，与从独立句子中提取时间相比，篇章级事件抽取对神经序列学习模型更具有挑战。在后文中将研究如何训练和应用端到端神经模型进行事件角色填充抽取。首先，将这个问题形式化为文档中一组连续句子中的标记之上的序列标记任务。为了解决上述应用于长序列的神经模型所面临的挑战，本节分析讨论了上下文长度（即最大输入段长度）对模型性能的影响，并找到了最合适的长度，并且给出了一个动态聚合的多粒度阅读器。此方法在"中国少数民族古籍总目提要"数据集上的定量评估和定性分析都表明，多粒度阅读器比基线模型和之前的工作取得了更具实质性的改进。

8.5.2　相关工作

事件抽取主要在两种范式下进行研究：检测事件触发器并从单个句子中提取参数（例如 Doddington）与文档级别（例如 MUC-4 模板填充任务 Sundheim）。

SEE：一些深度学习模型，例如 RNN 或 CNN，这些模型是利用预先训练好的上下文表示法。这些方法通常侧重于提取事件触发器和参数的句子级上下文，而很少推广到篇章级事件抽取。只有少数的模型可以超越单个句子来做出决定。Yang 和 Mitchell 提出在文档上下文中联合提取事件和实体。同样与本节工作相关的还有

Zhao 利用文档嵌入来帮助使用递归神经网络的事件检测。虽然这些方法是用跨句信息做出决定的,但它们的提取仍然处于句子水平。

捕获神经网络序列的长期依赖性:对于用于训练神经网络序列的 RNN 等模型来说,捕获序列中的长期依赖性仍然是一个基本挑战。大多数方法使用时间反向传播,但它很难扩展到很长的序列。许多模型的变化已经被提出来用于减轻长序列长度的影响,如长短期记忆网络和门控循环单元网络。还显示了长文本建模方面的改进。在本节的篇章级事件角色填充提取工作中,还在模型中实现了 LSTM 层,并利用了双向变压器模型 BERT 提供的预训练表示。从应用程序的角度来看,本节研究了在文档级提取设置中纳入神经序列标记模型的合适的上下文长度。同时本节也讨论了如何通过在模型中动态地合并句子级和段落级的表示来减轻与长序列相关的问题。

8.5.3　实验方法

本节将描述如何将文档转换为成对的标记-标记序列,并将任务形式化为序列标记问题、基本句子阅读器和多粒度阅读器的架构。

从文档角色填充物中构建成对的标记标签序列:篇章级事件角色填充提取形式化为一个端到端序列标记问题。给定一个文档和文本的跨度与黄金标准相关联,对于每个角色,采用 BIO 记方案,将文档转换为成对的标记/BIO 标签序列。

多粒度阅读器:为了探究聚合来自不同粒度(句子和段落级)的上下文标记表示的效果,本节提出了多粒度阅读器,与一般的 k-句子阅读器类似,本节使用相同的嵌入层来表示标记。但是将嵌入层应用于段落文本的两个粒度(句子级和段落级)。尽管来自不同粒度的嵌入层的单词嵌入是相同的,但是每个标记的上下文表示是不同的——当标记是在句子或段落的上下文中编码时。相应的,本节建立了两个 Bi-LSTMs（Bi-LSTMsent 和 Bi-LSTMpara）。在句子级别的上下文标记表示 $\{\tilde{x}_1^{(1)}, \cdots, \tilde{x}_{l_1}^{(1)}, \cdots, \tilde{x}_{l_k}^{(k)}, \cdots, \tilde{x}_{l_k}^{(k)}\}$,以及段落级别的上下文标记表示 $\{\hat{x}_1^{(1)}, \cdots, \hat{x}_{l_1}^{(1)}, \cdots, \hat{x}_{l_k}^{(k)}, \cdots, \hat{x}_{l_k}^{(k)}\}$。句子级别的 Bi-LSTM 按顺序应用于段落中的每一个句子,然后将段落中每个标记的句子级别表示设为 $\{\tilde{p}_1^{(1)}, \cdots, \tilde{p}_{l_1}^{(1)}, \cdots, \tilde{p}_1^{(k)}, \cdots, \tilde{p}_{l_k}^{(k)}\}$。

另一个 Bi-LSTM 层（Bi-LSTMpara）适用于整个段落,以捕获段落中标记之间的依赖关系。对于每个标记的融合和推理层,本节给出了两种选择,一种使用求和运算,另一种使用门控融合运算。

8.5.4　实验结果

实验抽取示例如图 8.5 所示。

本节评估了该模型在"中国少数民族古籍总目提要"数据集事件抽取基准上的性

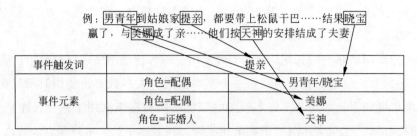

图 8.5 实验抽取示例

能,并与之前的工作进行了比较。除了名词短语匹配外,本节还报告了精确匹配的准确性,以捕捉模型捕获角色填充物边界的效果,本节的结果报告为精确率、召回率和 $F1$ 评分,此类评分为所有事件角色的宏观平均值。评价指标如表 8.4 所示。

表 8.4 评价指标

民族	头文字匹配			精准匹配		
	精确率	召回率	F1 评分	精确率	召回率	F1 评分
蒙古族	47.80	57.20	52.08	46.16	53.16	49.41
傣族	50.80	61.40	55.60	53.70	43.95	48.34
朝鲜族	57.80	59.40	58.59	49.45	49.26	49.35

第**9**章

总结与展望

9.1 总结

本书以古籍文本信息抽取与知识挖掘为主线,从古籍文本信息抽取的基础理论,到具体方法,如基于 Transformer 模型的 NER、基于提示学习的 NER、基于远程监督的 RE、基于迁移学习的 RE、联合模型的 EE 以及篇章级的 EE,进行较为具体的描述,并以"少数民族古籍总目提要"为主要数据源,进行了相关实验及分析,尽管也存在一定的不足之处,希望能够为古籍文本信息抽取与知识挖掘研究起到一定的抛砖引玉的作用。

古籍文本信息抽取与知识挖掘是古籍数字化、智能化领域的重要研究内容之一。古籍文本信息抽取与知识挖掘研究最大的挑战之一在于其标注数据较为稀缺,数据标注的成本较为高昂。古籍文本中往往存在单字、生僻字、古文语法描述的句子等具有领域特色的问题,这为古籍文本信息抽取与知识挖掘带来了挑战。因此研究提出低标注语料情况下的文本信息抽取与知识挖掘模型是古籍数字化领域亟待解决的问题之一。

民族古籍数字化研究起步较晚,且民族古籍文本命名实体识别除具备一般古籍实体识别及关系抽取难点,还具有自身的特殊性,如少数民族古籍中还具有民族文字,在实体识别及关系抽取过程中需要考虑民文识别及其词法、句法特点所需要的新的技术。

综上,古籍数字化研究任重而道远,古籍文本信息抽取与知识挖掘研究需要一步一个脚印地推向深入。

9.2 展望

9.2.1 NER 技术未来发展展望

NER 是 NLP 中的一个重要任务,随着人工智能技术的不断进步,NER 技术也在不断发展。未来,NER 技术将会面临以下几方面的发展展望。

(1) 多语种 NER。随着全球化的发展,多语种 NER 将成为一个重要的研究方向。未来,研究人员将探索如何在不同语言之间共享知识和技术,以实现跨语言的 NER。

(2) 多模态 NER。未来,NER 将不再局限于文本数据,还将涉及图像、视频等多模态数据。研究人员将探索如何将不同模态的数据进行结合,以提高 NER 的准确性和稳健性。

(3) 增强学习在 NER 中的应用。增强学习是一种可以通过与环境交互来训练智能体的机器学习技术,具有在 NER 中发挥作用的潜力。未来,研究人员将探索如何将增强学习与 NER 相结合,以提高 NER 的准确性和效率。

(4) NER 的可解释性。随着深度学习技术的广泛应用,NER 的准确性得到了显著提高,但是深度学习模型的可解释性仍然是一个问题。未来,研究人员将探索如何提高 NER 模型的可解释性,以帮助用户理解模型的决策过程。

综上所述,未来 NER 技术的发展将涉及多语种、多模态、增强学习和可解释性等方面,这些技术的不断发展将为 NER 在更广泛的应用场景中发挥作用提供有力的支持。

9.2.2 RE 技术未来发展展望

RE 是 NLP 中的一个重要任务,随着人工智能技术的不断进步,RE 技术也在不断发展。RE 技术未来发展展望主要有以下几方面。

(1) 多语种 RE。随着全球化的发展,多语种 RE 将成为一个重要的研究方向。未来,研究人员将探索如何在不同语言之间共享知识和技术,以实现跨语言的 RE。

(2) 跨模态 RE。未来,RE 将不再局限于文本数据,还将涉及图像、视频等多模态数据。研究人员将探索如何将不同模态的数据进行结合,以提高 RE 的准确性和稳健性。

(3) 关系推理。关系推理指从已知的事实中推断出未知的关系。未来,研究人员将探索如何利用图神经网络等技术来进行关系推理,以更好地理解和分析不同实体之间的复杂关系。

综上所述,未来 RE 技术的发展将涉及多语种、多模态、半监督学习和关系推理等方面,这些技术的不断发展将为 RE 在更广泛的应用场景中发挥作用提供有力的支持。

9.2.3 EE 技术未来发展展望

EE 是 NLP 中的一个重要任务,随着人工智能技术的不断进步,EE 技术也在不断发展。EE 技术未来发展展望可能体现在以下几方面。

（1）跨语言 EE。随着全球化的发展，跨语言 EE 将成为一个重要的研究方向。未来，研究人员将探索如何在不同语言之间共享知识和技术，以实现跨语言的 EE。

（2）多模态 EE。未来，EE 将不再局限于文本数据，还将涉及图像、视频等多模态数据。研究人员将探索如何将不同模态的数据进行结合，以提高 EE 的准确性和稳健性。

（3）跨域 EE。在实际应用中，EE 需要考虑不同领域和不同类型的事件。未来，研究人员将探索如何利用迁移学习等技术，在不同领域和不同类型的事件之间进行知识迁移，以提高跨域 EE 的准确性。

（4）事件推理。事件推理指从已知的事件中推断出未知的事件。未来，研究人员将探索如何利用图神经网络等技术来进行事件推理，以更好地理解和分析不同事件之间的复杂关系。

综上所述，未来 EE 技术的发展将涉及跨语言、多模态、跨域和事件推理等方面，这些技术的不断发展将为 EE 在更广泛的应用场景中发挥作用提供有力的支持。

参考文献